健康住宅 設計學

陳宗鵠建築師的能量綠建築　　陳宗鵠 著

〈夢幻泡影世界〉　53cm x46cm　多媒材　2019　陳宗鵠

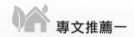 專文推薦一

內政部建築研究所　所長──王榮進

理論與實務兼具的科普好書

近年來，綜觀全球建築領域的研究發展趨勢，永續、健康、智慧、節能等議題幾乎是各先進國家主流的研究重點，國內在這些領域的研究與政策發展，亦極具在地特色，也累積了豐富多元的成果。本書作者具有深厚的建築實務經驗，且長期致力於健康建築的推廣與教學，其關懷的面向全面而多元，尤其重視居住者身、心、靈的健康與平衡。

本書內容即忠實呈現作者對於健康建築的研究成果與設計心得，此刻正值新型冠狀病毒肺炎疫情衝擊全球之際，這本書提供的科學知識及文化概念，足以讓我們一窺健康建築的奧妙，並重新建構我們對於健康建築的想像。

作者於2012年在各相關產官學支持下率先創立「中華兩岸健康促進建築環境策進會」民間社團組織並發行《健康與建築雜誌》，落實健康建築推廣與應用，廣受各界肯定。《健康住宅設計學》一書以實際的設計案例及生活經驗切入，細細詮釋如何從物理環境、化學環境、心理環境及友善的社區環境，營造身心靈平衡的健康綠建築，一步一步帶領讀者探索心理學、環境醫學、環境美學的全新觀點。本書除具專業書籍必備的嚴謹度外，作者完美地將東方文化對於心靈健康的精髓融入現代建築的設計元素中，在作者優美的筆觸下，讀者得以逐步領略東方文化的自然觀與宇宙觀對於健康建築的重要性。

本書內容兼具學術理論及實務設計層面之論述，深入淺出，不僅可作為建築專業領域人員重要參考書籍，對於關心居住環境品質的一般消費者而言，更是一本不容錯過的科普好書。

 專文推薦二

南華大學校長　校長─林聰明

融貫中西文化全方位健康好宅

全球教育內涵及方法向來著重以西方物象發展為主流，缺乏東方文化「形而上」的精神內涵，須將東方精神文明加入現代建築教育方屬完整圓滿，方符合現代人身心靈健康建築的全方位需求。三年前本人曾邀請陳宗鵠教授蒞臨「中華生命電磁科學會」進行產學交流，主講「音聲科學與健康建築」專題，深切地體認陳教授研究的健康建築理念，已經由物質面的建築領域提升到精神面的身心靈健康涵養，結合中華文化「先樂後藥」天人合一的養生境界，不覺讚嘆！

本人獻身杏林，向來關注國內外大學教育趨勢、內容及素質，知悉陳教授從美國應邀返臺後，在大學任教長達36年之久，並於2007年開始接受高等教育評鑑基金會及臺灣評鑑協會聘任為一般大學及科技大學之評鑑委員兼規劃委員職務，服務學界至今未曾或歇。

陳教授結合東西方建築學術與建築實務經驗，推廣綠色健康建築數十年，在國內常為建築專業人員、機關企業及學校師生演講外，還經常受邀到北京國際研討會進行專題講座，迴響熱烈，廣受好評。陳教授近期完成設計一座健康住宅建案，落實並驗證了其所倡議的健康建築理論，並將累積多年的健康建築理論及實踐經驗撰寫成《健康住宅設計學》乙書，內容包含節約能源、綠建築、減低疾病傳染，書中並詳述貫穿融會東西文化觀點而成的健康住宅設計方法及使用方式，可供國內外學者及學校師生參考使用。在此全方位好書即將出版之際，本人非常樂意寫序推薦給大家。

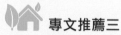 專文推薦三

臺北醫學大學醫學系　名譽教授
日本國立東京大學藥理學　博士—林松洲

打通住宅空間奇經八脈氣場的建築奇才

健康住宅空間群與構成元素就如同人體器官與細胞，需要吸收營養方能平衡運作，而住宅房室與人體五臟六腑一般，需與外界自然元素流通，才可「納氣」吸收能量，各空間元素亦依其功能，藉由門、廊、窗、玄關等開口與大環境氣場進行正向能量交流，促使身體的小宇宙與環境的大宇宙氣場在陰陽虛空之間作能量頻率共振，使居住者順應自然，越住越健康。

陳宗鵠教授是在美國與臺灣開業、教學多年的建築師，所完成建築設計作品皆能反映道法自然與應用科學的特色，結合東西文化精髓。其新近完成住宅設計的空間格局，對外與大自然五行元素能量互動，產生自然能量共振的大格局，對內則對應室內空間序列，與陽光、空氣、水等自然條件呼應暢通，呈現健康建築的整體表現。住宅內各房間規劃著重交流氣場流通格局，促使家庭成員匯聚愛的氣場

能量，親密交流，活化身心靈，創造紓壓療癒能量的快樂健康環境。陳教授在建築設計上引用自然界元素及材質，如生物性有機材質、香味、視覺效果、觸感等，引入自然元素活化大腦激發創意，如同打通住宅空間群的奇經八脈納氣狀態，成為適合全齡人友善養生保健的終身宅。

陳教授擁有中醫及自然醫學博士，仍保有豐沛的求知動力，持續於本人臺北醫學大學營養課程進行交流學習，將建築設計融合醫學、營養及養身等跨領域知識及經驗，朝向創造全方位健康建築的目標繼續邁進，在國際新型冠狀病毒肺炎疫情蔓延之際，尤為需要具備融合健康與建築跨領域專長的建築師。陳教授即將完成一本以醫學、疾病、營養切入健康住宅設計跨領域的著作──《健康住宅設計學》，將是大家迫切需要的健康住宅設計方法及使用的寶典。故本人強力推薦，並為序以表敬佩。

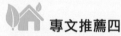 專文推薦四

國家住宅與居住環境工程技術研究中心
副主任─張磊

人宅相扶、感通天地的健康好宅

結識陳宗鵠教授，源於2013年，我們在北京主辦「第六屆健康住宅理論與實踐國際論壇」，當時建築界對健康影響的研究極為少數，我們經由臺灣建築中心推薦此一領域的專家而認識，因為他是臺灣建築界中開展建築環境對人體健康影響研究最透徹且最具代表性的專家，並把這一理念實際運用到建築設計中。在論壇中，陳教授現場播放了一段音樂，非常生動地讓與會者感受到何種音樂對我們身體是有助益的，同時也引出「從事建築設計時，僅僅考慮降低雜訊值是不夠的，還應考慮背景音樂的頻率對五臟六腑的振動，才能增加人的健康」的開創性議題，提示了環境對心理影響的路徑，令我印象極為深刻！感謝陳教授曾四度受邀參加我們主辦的「健康住宅國際論壇」進行專題演講，場場精彩創新，獲得廣大迴響。

陳教授說：「設計豪宅容易，但是設計健康永續、照顧社

區、照顧城市的好宅卻很挑戰」。陳教授率領團隊迎難而上，從物理性、生物性、社會性、化學性、心理性及公平性等六大環境影響因素出發，形成了健康好宅的技術體系，並藉由2019年竣工的「李院健康好宅」專案具體呈現，接受實踐的考驗。本次《健康住宅設計學》採用圖文並茂的形式，深入淺出地詮釋出「健康好宅是讓人越住越健康的載體，是居住者安全庇護所，更是杜絕病毒傳染的居所」。不論對從業人員還是普通讀者，相信都會開卷有益、獲益匪淺。

《黃帝宅經》有云：「人因宅而立，宅因人而存，人宅相扶，感通天地」。陳教授因地制宜地傳承發展了這一理論，只有人與建築、與社會、與自然和諧共生，才能讓人與環境都可以獲得持續的健康福祉，本人非常樂於推薦，期待與各位共勉！

 專文推薦五

健康與建築雜誌社　社長
澳門科技大學　講座教授—徐南麗

學貫中西，
引領健康建築的先行者

陳宗鵠教授與我認識已逾30載，我們因同為美國伊利諾大學校友而結緣。猶記初見面時，這位文質彬彬、才華洋溢、談吐幽默、充滿帥氣的青年才俊一時令人印象深刻，透過名片方知他是規劃設計南港軟體科學園區的大建築師，言談之間充滿自信與理想，以打造安頓客戶身心靈的健康建築為目標，這與我從事促進全人健康的醫學專長不謀而合，遂有英雄所見略同之感。

陳教授累積臺、美建築業務與教學研究卅餘年經驗，自70年代倡議的節能省碳到現今訴求環保生態的綠建築以降，近十年更朝向著重健康建築的大目標快步邁進，成為當代健康建築最具代表性的人物。他的建築生涯大致可分為三階段：第一個階段是青年時期與雕塑大師楊英風教授，共赴黎巴嫩設計貝魯特國際公園，為國民外交做出了具體貢獻；隨後赴美深造與執業，完成了眾多具代表性的節能建築。第二個階段則是應工業技術研究院能源研究所葉玄所長與淡江大學張建邦校長邀請返國服務，主持我國節約能源建築研究，隨後完成南港軟體科學園區、和成建設等30餘件重要綠建築工程；此一期間，為求深入探討健康建築

精髓，曾赴美學習中醫五年並取得博士學位，完備將身心
靈健康與建築融合為一之設計理念，創新健康綠建築之研
究與實踐。第三階段乃應孫永慶總裁之邀主持中華科技大
學建築系，並創辦跨健康與建築領域研究所；2010年出版
的《築綠：心次元健康好宅》乙書，曾獲衛生福利部頒發
「健康好書獎」。

陳教授於2012年成立「中華兩岸健康促進建築環境策進
會」，與本人共同創辦《健康與建築》雜誌，藉此落實健
康建築的教學研究與應用推廣。近期復完成「李院健康
好宅」之設計興建，完備其物理性、生物性、心理性、
社會性及公平性等健康環境影響因素，驗證環境影響因素
的設計技術要點及標準，更具體落實了現代人身心靈健康
好宅之理想！如今陳教授集畢生之大成，筆耕不輟，完成
這本採擷中西理論與實務經驗、闡明打造身心靈健康綠建
築之要件、整合現代科技智慧結晶的巨作《健康住宅設計
學》，盼能助益全人文明與個人健康之功，故本人強力推
薦並為之序，以表崇敬！

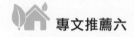 專文推薦六

中華學校財團法人中華科技大學
董事長—孫建行

健康與建築跨領域住宅
設計寶典

陳宗鵠教授在美國從事建築業務多年，1984年接受工業技
術研究院及淡江大學之邀請，翩然返臺主持國內建築能源
之先進研究，並於淡江大學建築研究所兼任教授傳授綠建
築觀念，完成國內眾多指標性綠建築設計，是位橫跨產學
的國際知名建築師。

當他完成「中華民國南港軟體科技園區」規劃設計後，因
地緣之便及因緣際會，遂於2003年接受家父孫永慶前董事
長邀請赴中華科技大學專任教學，推動健康建築。2004年
真除建築系主任後多次陪同孫前董事長赴大陸進行兩岸學
術交流暨產學合作，本人亦有幸曾與陳教授陪同家父共赴
南京，見證他在專業領域上的傑出表現。建築系於2007年
在孫前董事長的支持下，向教育部申請設立「建築工程與
環境設計研究所」獲准，當時全國144個申請案中，本校建
築系的申請案為全國22所無條件通過的申請案之一，素質
精良可見一班。

在陳主任精心主持的建築系，其「健康建築」教學特色目標明確，課程及師資陣容完整，學生學習表現優良，自2005年後招生人數年年滿額，逐年擴增，直至2014年陳教授屆齡退休時，建築系已由原先的4班變成15班，成為全校大型系所之規模，每年評鑑均榮獲教育部認定「一等」佳績。陳教授2007年榮獲高等教育評鑑基金會與臺灣評鑑協會聘任為一般大學與科技大學之評鑑委員兼規劃委員，學術地位堪崇。

陳教授假本校服務期間，於2011年間出版《築綠：心次元健康好宅》著作，內容包含健康綠建築理論及設計方法；退休後於2019年完成「李院健康好宅」設計興建，驗證健康建築理論之可行性及可信度。目前陳教授將數十載所累積美國及臺灣教學研究及從業經驗，從建築、醫學、心理學、營養學等跨領域知識切入，全方位撰寫《健康住宅設計學》乙書，說明如何創造健康好宅的知識經驗，可供學術教育、建築專業、設計裝潢及消費者觸類旁通、奉為圭臬，此書付梓之時，本人樂於推薦並致上崇敬謝意。

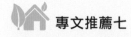 專文推薦七

國立政治大學　副校長
永慶慈善基金會　董事長—趙怡
全民必讀的範本

打從上古時代有巢氏傳授築屋之術，讓人們得以遮風避雨、防範嚴寒、抵禦蟻獸以迄，數千年來地球人從未停止過追求一個更安全、更舒適、更溫暖的「家」，即便付出巨大代價也在所不惜。當然，到了文明時期，家的意義不只是提供生存之所需，還要帶來身心的舒暢，親人的慰藉乃至於文化的認同。時下流行的「豪宅」，則強調樓宇富麗堂皇、空間寬敞氣派、裝潢美輪美奐，似已偏離家的原始功能與意涵，而成為富商巨賈、高官聞人們享受奢華生活的處所與炫耀權勢地位的展場。

晚近環保意識抬頭，人們開始注重住屋環境的優化，傾向於自然採光與通風良好的設計以節約能源。如今又為因應高齡趨勢，房屋型態再起變革，通用設計（Universal Design）的概念蔚成共識。UD一詞源自1970年代萌芽於歐美的無障礙設施，泛指無需特別調整即能為全民所使用的環境產品，其中蘊含平權觀念，聚焦於肢體障礙者、高齡族群、孕婦與孩童的需求。

欣聞名建築師陳宗鵠教授發表《健康住宅設計學》一書，
並囑我為序，乃得以先睹為快。新書中充滿創意，除將現
代建築設計理論與實務條分縷析之外，更注入健康養生的
嶄新觀念，匯合成一本大眾必讀的典範讀物。

作者倡導身心靈平衡、降低有毒物質的健康綠住宅和社區
環境，並論及每項因子的疾病影響以及如何選擇適當用法
及專業設計。書中提到：「住宅產業大都關注經濟因素，
以建築物體為主要對象，忽略掉以人體的身心健康為基本
考量目標」，並云「住的需求逐漸由物質滿足提升為心靈
安住」。短短幾句話，道出現代人內心的吶喊。

宗鵠兄數十年的精湛修為涵蓋業學兩界，固無庸贅言，惟
本書跨領域整合建築學、物理、化學、醫學、心理學、堪
輿學等專業面向，並提供與時俱進的嶄新思維，其所顯現
的博學與活用在台灣學術與產業界中堪稱異數中的異數，
值此新著付梓之際，藉此小文表達衷心敬意。

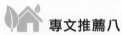 專文推薦八

和泰興業股份有限公司　董事長—蘇一仲
實踐健康建築全方位的好書

2020年全球受到新型冠狀病毒肺炎疫情影響，人們對於居住空間的需求不再是以建築物載體為主要訴求，而是日漸意識到「好宅」應該具備讓人越住越健康的特性，對於空氣、水質、陽光以及心理的需求與住宅之間相互對應更為重視。以空氣品質來說，陳教授在本書詳盡說明空汙對身心的危害，提供專業對策及設計策略，建築內部的環境健康及居住者的身心靈平衡相輔相成，精華著墨重點皆在重視「人的健康」。

人一生90％時間是在建築物內，建築物設計使用是否健康，自然會影響居住者的身心健康。若建築物可依個人生理狀態及心理需求規劃設計，使居住者在家中能享受平和寧靜，並讓生活空間合乎自然法則，體驗身心靈共振所帶來的感恩及豐盛喜悅，那即是屬於個人獨享的「好宅」。

常言道「心靜自然涼」，藉由減少雜思妄念、清心靜氣向來被認為是達到消暑納涼的最高境界，然而現今氣候及環境變遷加劇，溫室效應熱島效應正影響每個人，體感溫度

迫使感受前所未有的炎熱。目前大部分人類生活在年均溫攝氏6度至28度的溫度環境中，即便心平氣和，但面對全球暖化現象，恐怕也難捱炙熱高溫，因此住宅設計需考慮建築物理非機械設計方式（Passive）之後仍要使用合適的空調設備機械式設計方式（Active），使室溫達到舒適環境，才能在心理與生理上維持健康平衡。

陳教授專業橫跨學界及業界，以數十年建築與健康跨領域之知識及經驗撰寫本著作，親自設計完成「李院健康好宅」實際案例，說明「健康綠住宅」的設計理論及實踐結果，驗證本書所提六大環境影響因素可行性及可信度，讓消費者可舒適又安心居住，還能避免引發身心疾病。本人也以空氣品質專業加入該案例設計顧問團隊，深知陳教授延續在美國綠建築設計經驗，近十年在台灣持續對「健康住宅」努力推廣及貢獻，有目共睹。因此本人非常樂於推薦著作《健康住宅設計學》，作為消費大眾及建築從業人參考使用的重要書籍，讓每個人都能享有獨一無二身、心、靈越住越健康的好宅。

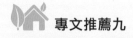 專文推薦九

肯愛協會　秘書長—蘇禾

為你我的心，打開一扇窗

藉著廣播節目的邀請，每每有機會訪問到陳宗鵠教授談健康住宅時，常讓我想起我的憂鬱症好友維閉鎖的房間，總會讓人心胸無法開啟，心情無法開朗、到處都是落寞的表情。最近拜讀陳宗鵠教授《健康住宅設計學》一書，教授從住宅設計的物理性環境，包括：空氣、光、溫熱條件、聲音到電磁波輻射等環境影響因子談起，進而說明住宅房間格局、音聲及色彩能量等心理環境，無一不影響著一個人的身心靈健康，這種全方位的思維，頓時讓我有茅塞頓開之領悟。

陳宗鵠教授《健康住宅設計學》這本書中直接表明了，現代人住的需求已經逐漸由「物質滿足」轉化提升為「心靈安住」的共同意識需求。特別是已被WHO世界衛生組織標定憂鬱症為世界第二大疾病的2020年，我們不能不覺知到「忽視住宅家裡起居室或任何房間的環境，就是忽視自己的健康」。

日本知名密宗風水諮商師種市勝覺説，要做什麼事情時，便把空間整理成適合做這件事的狀態。如此一來，就能連帶整理你的思想和情緒。《健康住宅設計學》更在好宅的健康路上，直接從理念到執行，給家一個安家的心法。《健康住宅設計學》就是一扇窗，能為你我每一個落寞的心房，去除憂鬱，打開一扇健康希望的光明窗。

 作者序

中華兩岸健康促進建築環境策進會
理事長—陳宗鵠

健康住宅設計學與李院健康住宅簡介

「身體就像蓄電池，今天用完今天充」，現代人每天在外奔波耗費能量，回家後身心非常疲憊，需要一個舒適、安心，又可享受家庭和樂的「健康好宅」，即時補充能量，恢復身心靈健康和諧。現在市面上推出的住宅，除了以豪華絢麗為訴求之外，尚需考慮現代人對於住宅空間格局及佈置所產生空間氣場的聚集與交流，以及對居住者心理安心歸屬感的互動感受，同時以不增加都市環境負擔為原則，才能稱得上是「健康好宅」。

歷經長期國內外中西建築教學及執業經驗，本人深感環境變遷及時空快速演進下，我們的居住環境也相應發展出與時俱進、具備創新健康住宅的需求。從2003年SARS病毒全臺肆虐、每年零星爆發的禽流感病毒，以及刻正威脅地球村民的新型冠狀病毒肺炎可知，現代住宅與環境的密切關聯已成常態，因此住宅規劃及設計技術必須考量減少病毒伺機傳播、強健身心功能，使其成為現代住宅設計的基本需求，也是設計健康住宅的新趨勢。

本人自1976年在美國建築界執業時，正逢世界能源危機，因此半世紀以來，住宅產業非常著眼於「節約能源建築」、「綠建築」等環保議題，皆以「建築物體」為主要對象，然而卻忽略住宅應是以人體的「身心健康」為首要考量之目標。隨著能源供應穩定、經濟提升及資訊交流發達後，消費者普遍對於健康意識日漸抬頭，居住

空間的需求於是由實質的物質面逐漸轉化為抽象的「心靈安住」的居所，形成現代健康住宅設計的需求考量。

回顧現代教育，受到工業革命影響，普遍著重於西方以物質文明為發展主流，東方文化珍貴的心識內涵卻相對式微，就如同我們只重視身體的實體健康，卻缺乏順應自然治未病的疾病預防法，身體未能達到健康平衡。因此，需將東方抽象、順應自然元素的減法設計觀念，融入現代建築設計教育人造勝天的加法設計，方屬完整圓滿，才能符合現代人身心靈健康住宅之需求。

綜上多元需求，本人強烈認為現代住宅設計技術必須考慮多次元解決方法：「好宅」應該是讓居住者安全、安心的避風港，亦可幫助居住者杜絕病毒感染的庇護所，還要能融入東方順應自然的文化內涵。預防疾病的健康住宅成為現代建築設計重要目標，因此本團隊於2012年召集海峽兩岸產官學界專家學者，首先成立「中華兩岸健康促進建築環境策進會」非營利社團組織，發行《健康與建築雜誌》以及出版書籍，朝以上目標努力邁進，本人亦綜合以上需求及解決方法，撰寫《健康住宅設計學》乙書，內容包含健康好宅設計的影響因素，如物理性、化學性、生物性、社會性、心理性及公平性等六大環境影響因素（表一）及其解決方法為理論架構，經過2019年本團隊實際設計興建完成健康住宅乙棟，詳見本序所附「李院健

康好宅簡介」，驗證此一理論之可行性及可信度。現將此理論及實證，從醫學、疾病及身心靈等因素切入，融入中西文化對健康住宅的廣泛詮釋，撰寫健康好宅的設計及使用方法，供讀者使用。因涵蓋領域多廣，不周之處，尚祈指教！在此衷心期望這本心血結晶，能夠幫助更多專業人員及廣大消費者，共享創造「越住越健康的好宅」。

在撰寫本書的五年過程中，獲得許多賢達貴人協助提供研究資料及進行審稿，付梓之際，由衷感謝海峽兩岸諸位先進為此書撰寫推薦序文共同推廣，《健康與建築雜誌》社長徐南麗教授全程協助審稿，內政部建築研究所羅時麒博士、台灣建築中心練福星前董事長、林杰宏博士等支持，以及城邦文化漂亮家居出版社遠見，支持作者健康建築理念協助出版此書，特此一併誌謝。

（表一）六大健康好宅設計影響因素及內容

物理性	空氣環境、光環境、溫熱環境、聲環境、風環境、輻射
生物性	水環境、病菌傳染、運動環境、寵物環境
化學性	材料、重金屬、清潔劑
社會性	社區支持、交流環境、高齡友善環境、公寓健康環境

心理性	色彩環境、音聲環境、空間格局、堪輿與地理環境、修養與修行環境、精神環境
公平性	空間效率、公平交易

李院健康住宅簡介

設計理念
應業主與基地之文化背景

基地原址昔稱蘆洲「秀才厝」，祖先曾於清皇授于進士、秀才等學位，後秀才厝遭毀，由李宏碁與墨緣夫婦（業主父母親）重建家園，其子女李英豪教授等五戶以孝道為本謹遵遺願，期望共同延續先祖秀才家族文化傳承。特敦聘本書作者陳宗鵠主持規劃設計，作者邀請黃明城建築師合作共同完成本案設計監造，以凝聚家族向心力供家族永續使用以發揚中華文化為目標。

「玉琮」建築意象傳承中華文化

本案建築設計理念涵蓋抽象及具象兩個面向。抽象是以中華周朝「玉琮」意象為設計理念，表示此設計是由蘆洲當地生長的茁壯的建築物，以延續中華文化精神並光大李氏家族「秀才厝」傳承。玉琮是古時用於祭地的玉

（圖1）出自故宮博物院網站　（圖2）玉琮現代建築意象

（圖3）以玉琮意象穩固建築基座的設計

器（圖1），古人認為「天圓地方」，《周禮・春官・大宗伯》記載以黃琮禮地，以其為設計意象是象徵建築由此秀才厝基地生長出來屬於本土風土環境的建築物手稿（圖2），又以城牆式擴大基座表示家業穩固（如圖3）。

納入健康綠住宅的設計策略

具象的設計目標是順應世界健康住宅發展潮流，實際興建驗證「健康好宅」讓消費者越住越健康，設計是依據「中華兩岸健康促進建築環境策進會」所研擬健康住宅影響因素包括1.物理性，2.化學性，3.生物性，4.社會性，5.心理性，6公平性等理論及分析如計算流體力學（CFD，Computing Flow Dynamics）進行模擬，採用英國Phoenix軟體的精密模擬的疊代計算，以可視化建築外部環境風速場與溫度場變化方向、物

理數值，確認該住宅設計之熱環境部件是具有可行性及可信度。為共同推廣台灣健康住宅嘉惠所大眾目標，特將此設計興建完成的案例出版，提供廣大消費者參考。

基地分析與環境規劃

應業主與基地之文化背景

該基地1067.04平方米，位於新北市蘆洲區，北方冬日淡水河冷風，夏季西南向涼風如風花圖如（圖4）並有長時間日照，基地位置北向面臨既有兩棟25層高樓住宅，東南向面臨12米面前道路，西南向面面臨未開發8米計畫道路，形成角地基地（圖5）。北向既有兩棟25層高樓建築量體在景觀視覺上對本基地產生相對壓迫性壓力，由西南向視覺角度景觀（圖6）以及由北向角度視覺景觀可見（圖7）。

（圖5）基地位置圖，截取自Google地圖

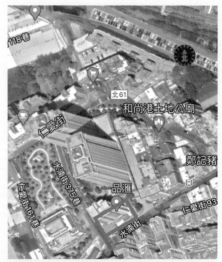

（圖6）基地現況北向面臨既有兩棟25層高樓住宅

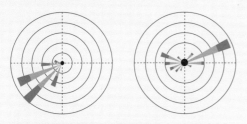

（圖4）基地風花圖，左圖夏日西南向涼風方向及風量，右圖冬季東北向冷風方向及風量

（圖7）從北向25層高樓向南向基地拍攝

規劃策略

該案為臨街略狹長型之基地，規劃適當退縮距離及人行道為週邊擁擠社區環境留出舒緩公共空間感受，建築設計策略以精緻雕塑體與後面高大建築量體作區隔，以化解其量體壓力，且將其巨大量體納入規畫成為本案阻擋冬季北風之天然屏障，使本住宅形成冬暖夏涼的精緻住宅（圖8-11）。

（圖8）該住宅規劃為冬暖夏涼的精緻住宅

- **作品名稱**：李院健康住宅
- **業主**：李英豪教授及其兄弟姊妹共7人
- **設計建築師**：陳宗鵠
- **合作建築師**：黃明城
- **顧問**：練福星 理事長
- **顧問團**：鄭宏明結構技師、萬全電機技師
  事務所、饒餘杏景觀設計師、CFD，王文
  安助理教授熱空氣流體流動模擬、蘇一仲
  董事長冷暖空調、張燕平堪輿師

- **參與人員**：謝家銘、陳駿薑、林志強、
  黃文姍、林建智、莊立靖
- **營造**：復興營造股份有限公司
- **位置**：新北市蘆洲區
- **面積**：總樓地板面積3,886.8 M²
- **設計時間**：2015年9月至2016年3月
- **施工時間**：2017年8月至2019年9月
- **樓層高度**：地上12層、地下2層
- **高度**：42M

（圖9）東南向立面仰視

（圖10）臥室引入大自然綠化

陳宗鵲建築師／黃明城建築師 設計・監造
攝影／林志強建築師

（圖11）雙正面建築外觀

目　錄

緒　論

近期許多研究報告指出，影響身心健康主要有先天遺傳的基因與後天生活的環境兩大因素。後天環境的因素，包括實體的物理性生活環境，如空氣汙染、水汙染、溫熱失衡、化學毒性物質等，以及虛體的氣場空間、人體氣脈流暢或阻滯等因素，也是疾病發生主要原因。身體疾病是遺傳和環境共同引發的，基因可以影響人體對環境的反應，而環境會改變基因表達方式，兩者之間類似太極陰陽動態變化狀態從未間歇。

要營造健康住宅，除了規劃實體環境以外，也須著重虛體氣場的層面。「氣」經證實可由實體環境穿梭進入抽象虛空獲取身體所需能量（李嗣涔2020，撓場的科學），再經由人體穴道，例如勞宮、河谷、湧泉等穴位進入身體經脈的真氣流通系統，默默影響人體身心靈的健康。能量可影響住宅空間的氣場流動以及人體氣脈運行，我們生活需要實質住宅空間為依靠，住宅需要健康又有好氣場的能量空間環境才有存在的價值。現代人如何打造實體物理性及虛體的氣場空間環境，融入東方「天人合一」宇宙觀的住宅環境裡，可以天天補充能量越住越健康，是新世紀住宅設計的大趨勢。作者以實體及虛體環境對健康影響因素的理論與實踐，從中西觀點之醫學、疾病、身心靈領域切入，撰寫此本《健康住宅設計學—陳宗鵠建築師的能量綠建築》乙書，涵蓋健康建築的影響因素及其設計技術、使用方法及規定標準，供建築專業者、學校師生以及消費大眾參考使用。

健康好宅應該是讓人越住越健康的載體，是讓居住者安全、安心的庇護所，亦是幫助居住者杜絕病毒傳染的居所。健康好宅的設計包含物理性、生物性、社會性、化學性、心理性及公平性等六大環境影響因素，以及各因素所包括環境影響因子與對應之設計策略。物理性環境影響因素方面，例如空間應具備健康的呼吸環境、晝夜區隔的光環境、個體舒適的溫熱環境、寧靜的聲音環境、避免電磁波輻射環境等。住宅室內空氣含有揮發性

有機化合物，會使肺部及氣管受到損害，不適當照明會影響人體生理時鐘導致睡眠品質不良，室內空間溫熱不平衡、濕氣太高或太低，會使人疲倦生病以及建材損壞，長期高噪音讓人感到煩躁不安或增胖，還有輻射是無形健康殺手等。生物性環境影響因素方面，例如飲用水中的大腸菌及其他病原體會使身體消化及排泄系統受損，超量重金屬水質會影響身體神經系統，黴菌、微生物及病毒會增加感染和過敏反應的機率，生活壓力、營養不平均、缺乏運動直接危害心臟和血管系統及骨骼系統，不適當人體工學設計的室內傢俱，會增加筋骨損傷的可能性，現代人喜愛寵物尤需注意可能引起病毒傳染問題等。化學性環境影響因素方面，例如使用有毒性建材作室內裝修產生揮發性有機化合物侵害健康、石棉拆除或施作吸入會造成肺臟病變，重金屬有毒物質產品直接傷害內臟及神經系統，如何選用清潔劑可避免傷害肝臟及皮膚等問題。社會性環境影響因素方面，例如健康社區環境、社交環境、高齡者友善環境為現代人健康生活所需的社區支持。心理性環境影響因素方面，例如住宅空間色彩、音樂能量、空間格局方法以及陽宅堪輿因子都會影響居住者心理健康，如何營造進入「無五感」的寧靜空間消除每天身心壓力，讓身體回復到原本圓滿具有自我療癒功能，繼而充電儲存身心能量，提升健康概念由五臟六腑具象身體到心理性精神抽象層次，獲得身心靈健康。公平性環境影響因素方面，例如住宅有效空間經濟性考慮、設計維護成本及材料生命週期考量、公平性購屋交易及資訊公開化等，都是消費者及建築專業應該共同努力的方向。

本書提出如何讓你家變成「健康好宅」的設計及使用方法，內容包含以上六大環境影響因素，分析每項因素包括的影響因子對身心如何產生疾病影響，如何選擇適當的使用方法及專業設計策略，以及每個影響因子參考的標準及規定。本書作者以實際設計興建「李院健康好宅」案例說明並驗證本書所提六大環境影響因素可行性及可信度，消費者可安心居住避免引發身心疾病，還能每天儲蓄身體能量，讓你越住身、心、靈越健康的好宅。

第一章
從物理環境塑造健康綠住宅

健康綠住宅設計的物理性環境影響因素，

包括空氣、光、溫熱條件、聲音

及電磁波輻射等環境影響因子，

本章將逐一討論其設計及使用說明。

Ch

apter 1

第一節
打造健康呼吸空氣環境

健康綠住宅空間除了具備避免汙染空氣環境的消極條件之外，更應該具有降低感染疾病、使人越住越健康的積極條件。如同身體疾病治療與預防一樣的道理，以空間設計的方式解決身心健康的問題，健康空間也應具有阻止細菌傳播的功能，防止細菌藉由空間開口部分以「傳播式」（圖1）或以物體表面「接觸式」傳染途徑的設計技術，就如身體防止病菌從口腔、鼻腔、雙手接觸及衣物帶菌引入室內一樣需要周全妥善規劃處理，打造健康呼吸空氣環境的空間。

消極條件
避免汙染空氣環境

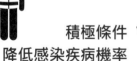
積極條件
降低感染疾病機率

健康綠住宅

控制汙染源、設計好的空間規劃及分區、有效通風、慎選居家設備抑制細菌活化增強免疫力

住宅空間與我們身體的肺臟一樣，需要排除室內汙染空氣的功能。室內汙染的空氣種類主要有懸浮微粒（SPM）、硫氧化物（SOx）、氮氧化物（NOx）、揮發性有機物（VOCs）等四種，住宅室內最可怕的汙染空氣是懸浮微粒PM2.5、PM10以及所附著的有毒物質，一起滲入血液流到全身引起全身疾病。大氣中主要汙染物二氧化硫對呼吸道疾病之感染，燃煤和天然氣等燃燒產物，吸菸、取暖和烹調等的煙霧等產生的二

（圖1）門廳及門窗是空間開口部位，妥善設計能做為阻絕汙染物及細菌病毒入侵的第一道防線，設置自主手動開關的窗戶是竅門。

氧化氮，會使支氣管收縮反應對肺組織嚴重刺激和腐蝕作用，以及揮發性有機化合物對肝、腎、呼吸道方面的刺激和系統性傷害而病變。

此外，生活中經常發生住宅廚房及熱水器燃燒不完全產生一氧化碳，日常使用清潔產品如除臭劑、洗碗精、殺蟲劑、立可白，人體活動產生的二氧化碳，住宅地板下的氡氣，以及室內裝潢建築材料含板材接合劑、膠黏劑，傢具、塗料、油漆等產生甲醛及甲苯會引起嗅覺異常、過敏、肺功能及肝功以及免疫功能異常。還有寵物引發汙染物如細菌、病毒、塵蟎等。室內生物細菌及汙染物方面如室內潮濕環境孳生黴菌、真菌、人體細菌、花粉等。還有從室外引入室內病毒細菌吸入人體等所有揮發性物質、無機氣體，都可能引發噁心、頭痛、哮喘、呼吸道刺激、過敏、肺功能受損、心臟病、慢性阻塞性肺臟疾病以及急性心臟休克或肺臟功能停止運作等危險狀況。

空氣中的有毒物質及其產生的健康影響

居家常見有毒空氣如空氣懸浮微粒、二氧化硫、二氧化氮、揮發性有機化合物以及一氧化碳、二氧化碳、氡氣、甲醛、生物細菌及病毒細菌等無聲無息的傷害健康（表一）。

■懸浮微粒

PM（Particulate Matter）是指大氣環境中除了水分子以外固態和液態甚至肉眼難以辨識的微小污染顆粒，吸入身體會造成人體各種疾病，是空氣汙染的主要指標之一。

PM2.5並非有毒的物質，但是它無處不在，是直徑小於2.5微米的空氣懸浮微粒。這樣的尺寸大約是頭髮直徑70微米的1/28，肉眼看不見、非常微細，比紅血球都還要小，所以很容易就進入體內。因為很快就可以到達人體的血液中，使血管發炎產生大量自由基，因此PM2.5的危險，主要是來自「體積太小」（圖2），比病毒大，比細菌小。更可怕的情況是PM2.5可吸

（表一）有害物質類型說明及對人體產生的影響

類　型	說　明
懸浮微粒	直徑小於2.5微米的空氣懸浮微粒
二氧化硫	燒煤和石油產生的酸性氣體，具強烈刺激性無臭無色
二氧化氮	車輛排氣、工業燃燒物產生的氣體
揮發性有機化合物	在一大氣壓下，測量所得初始沸點在攝氏250度以下有機化合物之空氣汙染物總稱
一氧化碳	燃燒不完全產生的氣體
二氧化碳	不燃且不助燃的氣體
氡氣	由地下自然產生的放射性的墮性氣體
甲醛	室內裝潢普遍存在無色有毒氣體
生物細菌	可被氣流傳送的生物微粒（生物氣膠），包含真菌、細菌、病毒、花粉、貓狗鳥等寵物的糞便或蟑螂的糞便等
病毒	是構造最簡單的寄生性生物體

附有毒物質進入人體造成身體各部位的傷害。PM2.5已經被世界衛生組織（WHO）列為第一級致癌物，也證實是導致肺癌的危險因子。

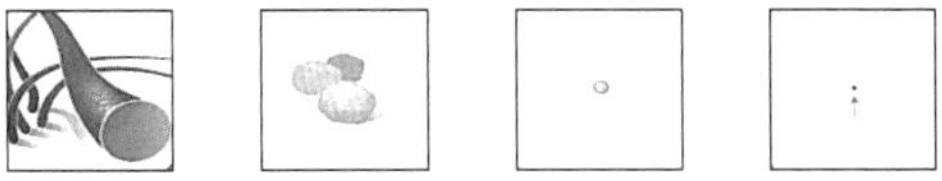

毛髮：
直徑70微米

細砂：
直徑50微米

PM10：
直徑<10微米

PM2.5：
直徑<2.5微米

註：1微米等於1米的百萬分之一

（圖2）空氣中的懸浮物大小比較

風險1：不同微粒大小侵害不同器官

懸浮微粒的大小決定它們在呼吸道中的位置侵害身體的不同器官。徑粒10到100微米的懸浮微粒會被鼻毛黏液過濾，無法通過鼻子及咽喉，對人體危害較小。徑粒小於10微米的懸浮微粒（PM10）可以被吸入達到支氣管及肺泡阻礙人體呼吸機能；徑粒小於或等於2.5微米的微細懸浮微粒（PM2.5），能夠在大氣中停留很長時間隨時進入體內聚集在氣管或肺中，使氣管收縮、發炎、咳嗽或乾咳產生膿

對 人 體 產 生 的 影 響

可吸附有毒物質，進入人體造成身體各部位的傷害
導致人體支氣管收縮，使呼吸道的阻力增加，換氣功能下降，增加呼吸道疾病之感染性
會使支氣管收縮反應更加惡化，對肺組織嚴重刺激和腐蝕作用
對肝、腎方面系統性傷害以及呼吸道的刺激和病變
會破壞原本血液輸送氧氣的功能，會對人體產生窒息致命的效應
長時間處於低濃度二氧化碳環境中會有頭痛、頭暈、注意力不集中、記憶力減退等現象
過量的氡氣會促使提高肺癌發生的機率
主要表現在嗅覺異常、刺激、過敏、肺功能異常、肝功能異常和免疫功能異常等方面
主要過敏原
新興傳染疾病無預警爆發流行，從禽流感、豬瘟型流感、伊波拉病毒、登革熱、SARS、到近期的2019新型冠狀病毒肺炎

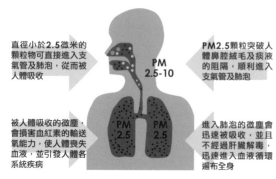

直徑小於2.5微米的顆粒物可直接進入支氣管及肺泡，從而被人體吸收

PM2.5顆粒突破人體鼻腔絨毛及痰液的阻隔，順利進入支氣管及肺泡

PM 2.5-10

被人體吸收的微塵，會損害血紅素的輸送氧能力，使人體喪失血液，並引發人體各系統疾病

PM 2.5

進入肺泡的微塵會迅速被吸收，並且不經過肝臟解毒，迅速進入血液循環遍布全身

（圖3）懸浮微粒對人體的影響

痰，到你的肺泡穿透肺部氣泡，造成發炎甚至癌化。由於體積更小它具有更強穿透力可以抵達細支氣管壁引發過敏性鼻炎、氣喘、慢性阻塞性肺疾病等。最小懸浮微粒直徑小於100奈米（合0.1微米）會帶來更嚴重的危害。這些懸浮微粒可以進入血液使血管發炎，穿過肺部細胞膜到其他器官包括腎發炎、腦損傷、失智症等要非常注意（圖3）。

風險2：吸附汙染物進入人體引發中毒或病變

PM2.5最容易吸附許多汙染物質，如重金屬、戴奧辛、病毒、細菌等有害物質直接到達胸腔導致癌症、畸形、突變的機率升高。PM 2.5常附著汞、鉻、鉛砷等重金屬還有硫酸鹽、碳酸鹽等成分漂浮在空間中，吸入這些附著有毒物質可能導致傷害，例如重金屬可致急性中毒，引發慢性肺部癌變，病毒及細菌以及有機汙染物等會導致身體器官、系統病變。

風險3：引發肺癌

台灣肺癌是癌症之王，女性肺癌20年來為癌症死因榜首，研究發現與PM2.5、二手菸及廚房油煙絕對相關，國衛院發現PM2.5每立方米增加10微克，女性肺癌死亡率增加16%。

風險4：引發自由基產生

長時間暴露在PM 2.5環境會引發自由基產生，體內會有氧化性壓力，造成缺血性心臟病、心肌梗塞、心律不整和腦中風，也會導致兒童呼吸道疾病以及心臟動脈粥樣硬化、糖尿病等問題。

風險5：提高失智風險

PM2.5可能對腦部微小血管破壞導致失智的風險，因為PM 2.5會造成神經退化性疾病，出現阿茲海默症的前期病理變化，長期暴露於空氣汙染無論是PM2.5或PM10都會提升高齡者失智的風險。

風險6：造成孕婦及胎兒健康問題

PM2.5容易導致孕婦高血壓，胎兒生產過程導致早產、流產以及幼兒過動的問題。

風險7：導致過敏、氣喘等問題

PM 2.5對兒童健康有很大影響，例如鼻子過敏、誘發氣喘、呼吸道過敏、肺

功能傷害、皮膚癌，尤其是在季節交替處於氣溫變化大的環境更為嚴重，引發過敏性結膜炎、眼睛乾澀張不開、眼瞼紅腫、濕疹、影響兒童學習能力、記憶力下降，及發生胰島素阻抗而產生糖尿病等問題。

風險8：致使自主神經失調

PM2.5也會透過人體的自主神經系統直接刺激肺泡，肺泡裡面的神經分佈，會刺激交感神經，抑制副交感神經，致使自主神經失調，造成心臟的心率變異性變差。（林松洲）

■二氧化硫（SO_2）

這是一種強烈刺激性無臭無色酸性氣體，大氣主要汙染物之一。煤和石油通常含有硫化合物，因此燃燒時會生成二氧化硫，吸入呼吸道以後90%以上會在咽喉就被吸收了，更糟糕的是二氧化硫在戶外空氣中很容易氧化造成硫酸和硫酸鹽會對人體產生強烈的影響。食材中的金針及酸菜常含有二氧化硫，如果超量食用酸菜會引發氣喘發作，還有燃放鞭炮也會產生許多二氧化硫，若是暴露在硫酸鹽或二氧化硫微粒下會導致人體支氣管收縮，使呼吸道的阻力增加，換氣功能下降，會增加呼吸道疾病之感染性。若聚集於肺部，呼吸困難會使心

肺疾病的病人病情更加惡化。

■二氧化氮（NO_2）

空氣中過多的氮與氧反應會產生氮氧化合物，二氧化氮對呼吸道的不良影響尤其對氣喘，會使支氣管收縮反應更加惡化，對肺組織嚴重刺激和腐蝕作用，導致肺水腫。二氧化氮是氣體，可以自成一團散佈各處，也可能沾黏在PM2.5的微粒上，跟著PM2.5一起傳播，比PM2.5更危險。二氧化氮多半是來自車輛排氣，或是工廠燃燒物，包含煤碳、石油、天然氣等燃燒，因此在交通要道、火力發電廠、重工業工廠附近住家是危險區。若住宅空氣流通並及時補充新鮮空氣，一天之內就可以被分解。

二氧化氮濃度0.12ppm	產生臭味
二氧化氮濃度0.26 ppm以下	呼吸器官感染抗力下降
二氧化氮濃度50～150ppm	引起慢性肺病
二氧化氮濃度150 ppm	可致命

（林松洲）

■揮發性有機化合物（VOCs，Volatile Organic Compounds）

在室外，揮發性有機化合物主要來自燃料燃燒與交通運輸產生的廢氣、光化學汙染等；在室內主要來自天然氣等燃燒產物、吸菸與烹飪產生的煙霧，建築與裝飾材料、傢具、家電、清潔劑與人體本身的排放等。在室內裝修過程中，揮發性有機物主要來自油漆、塗料和膠著

劑等。當居室中總揮發性有機物濃度超過一定濃度時，在短時間內人們感到頭痛、噁心、嘔吐、四肢乏力。嚴重時會抽搐、昏迷、記憶力減退。揮發性有機物傷害人的肝臟、腎臟、大腦和神經系統，其中還包含了很多致癌物質。

■一氧化碳（CO）

無色、無味、無臭的氣體，吸入極少量即會導致中毒甚至死亡（圖4）。一氧化碳進入人體後比氧氣更容易被血液吸收，對紅血球的親和力約為氧氣的200倍，會破壞原本血液輸送氧氣的功能，會對人體產生窒息致命的效應。一氧化碳中毒經常是家庭集體發生，尤其冬季12月到3月為好發月份，民眾習慣把門窗緊閉隔絕寒氣及濕氣，此時若用室內熱水器、燃燒瓦斯或煤爐蒸煮火鍋及食物等（圖5），因為氣密室內的氧氣量不夠時，瓦斯燃燒不完全會產生一氧化碳，因其比重比氧氣及二氧化碳輕，萬一發生一氧化碳中毒須逃生時，因一氧化碳比重較輕，會浮在高度空間，所以要趴在地上降低鼻子的高度吸收比重較

| 頭痛 | 噁心 | 呼吸困難 | 虛脫 | 頭暈目眩 | 意識喪失 |

（圖4）一氧化碳中毒症狀

（圖5）瓦斯熱水器不完全燃燒會產生一氧化碳，應裝在應裝在室外，如裝在室內，需有強制通風

高的氧氣。如有遇到一氧化碳已經中毒時，應該立即給予100%正常氣壓的氧氣6小時以上直到症狀消失。

■二氧化碳（CO₂）

是無色、無臭、無味的氣體，不可燃小不助燃，其密度比空氣大，故可以拿來滅火。二氧化碳在低濃度的情況下是無毒，人體持續在二氧化碳濃度值7,000PPM以下會使血液中的pH值降低，人體如持續處在3,500PPM環境下引起骨中鈣質流失。在高濃度情況下對人體影響產生呼吸困難而窒息，長時間處於低濃度二氧化碳環境中會有頭痛、頭暈、注意力不集中、記憶力減退等現象，在突然進入高濃度二氧化碳環境中會使腦缺氧症狀，引起反射性的呼吸驟停導致突然死亡的可能。汽車排放大量二氧化碳是導致氣候暖化的主因。

住宅中通常在廚房、浴室使用桶裝瓦斯或天然氣之瓦斯爐、熱水器等，易與高濃度二氧化碳接觸引起中毒（圖6）。萬一遇見二氧化碳中毒應迅速協助病人離

（圖6）瓦斯中毒

開現場，立即鬆開病人衣領，保持呼吸道通暢，呼吸新鮮空氣或吸氧氣，注意衣物保暖，觀察意識狀態生命現象，如呼吸心跳停止者，應持續人工呼吸、心臟按壓並且緊急送醫。

■氡氣（Radon）

是一種自然產生的放射性無色、無味、無臭的墮性氣體，很容易從住宅地下釋放到空氣，可帶電附著於我們呼吸空氣中的懸浮粒微、灰塵等。堆積在呼吸道內壁層細胞上，破壞DNA並有可能引起肺癌。氡的放射性活度以貝可（Bq）為單位，台灣經陳清江研究測值平均氡氣水準為19.3 Bq/立方米。

目前已經確認過量的氡氣會促成肺癌的發生，依據最近的研究估計有6～15％肺癌是氡氣造成的，濃度每升高100 Bq/立方米，癌症風險就增加16%，反應關係是直線相關性。住宅地下室須避免長期居住或使用。目前各國新訂標準對既存建築室內氡活度多訂在200Bq/立方米上下，對新建住宅多訂在 100Bq/立方米上下。

有關建築材料逸散甲醛及甲苯對健康影響及其防治法，詳見第三章之第一節使用建材的必知觀念；生物細菌及病毒對健康影響及其防治法於第二章之第一節提供潔淨水環境、第二節阻止病菌傳染環境。

居家食療抗空汙

1.每天吃抵抗汙染的食物
如蘋果、含beta胡蘿蔔素，維生素C等抗氧化物的食物，包括紅蘿蔔、紫色高麗菜、茄子、玉米、南瓜、木瓜等保護肺部，多吃十字花科蔬菜如花椰菜豐富維生素C，有效預防肺部疾病，常吃豆類食品如豆腐、豆漿等，減少煎炸、燒烤食物。

2.有效治療咳嗽
當吸入過量PM 2.5引起發炎、咳嗽或產生濃痰症狀時，可服用西藥粉狀「艾克痰」ACTEIN，可強肝解毒化痰，如果已經咳出濃痰可服用中藥「黃耆、杏仁、甘草、石膏」煮湯，乾咳無痰可服科學中藥「百合固精湯」，如激烈咳嗽可服科學中藥「麥門冬湯」，如夜間咳嗽服用「干薑蒜頭湯」。
（林松洲《各種疾病自然療法》）

3.平衡免疫系統
減低病毒侵害身體需要增強平衡身體免疫力系統，每天可服用益生菌等補充乳酸強化胃腸道，平衡免疫力，選擇大廠牌，膠囊包裝可抵達腸道。菌數不要太多，以50～100億菌數為佳，來源具認證之產品，如聯華食品研敏三益菌具有以上功能。

健康影響及設計對策

狀況1：維護室內空氣潔淨品質首重源頭減量，移除汙染源，以較無危害性的物質替代。

→對策：

盡量減少住宅裝修總面積量及裝修材使用，以「控制汙染源」的原則來減低「病態住宅」的可能性。減量裝修是一種技術也是一種藝術境界，與目前市面上推廣豪宅全面裝修理念大不相同，高水準的空間往往是簡化而返樸歸真的境界，讓人生活在純樸、寧靜「留白」的空間裡是一種生活藝術。方法一是減低整體裝修量，天花板、牆板等裝修面積與裝修的複雜度，考慮減法的設計而不是堆積許多名貴傢具及裝飾，創造「無以為用」，「有以為器」的空間使用正確觀。其二是表面裝修建材多用無毒綠建材或生態建材以減少空氣汙染。

狀況2：處在一個通風不良又長期氣密不善的空間，所產生汙染空氣及濕氣侵入身體形成慢性濕熱病，也會凝聚黴菌生長嚴重影響皮膚系統健康，濕氣凝結在建築構件中會使建材變質減少住宅壽命。

→對策：

室內有效自然通風對室內空氣品質、

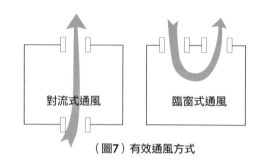

對流式通風　　臨窗式通風

（圖7）有效通風方式

減少濕氣及熱量平衡很重要，有效自然通風可採「對流式」或「臨窗式」通風方式（圖7），住宅公共空間如客廳餐廳到廚房可採用對流通風方式為主，附設強制抽風排除廚房油煙等，臥室各房間可採用臨窗通風方式，有效通風可由單側開窗室內、外風壓之溫差所引起的通風方式，如大面積或長形面積臥室可增加開窗數量。通風進出窗戶可設置手動氣窗以及手動可開景觀窗戶最簡易又經濟。室內有效通風需配合空間氣密性，其關鍵因素是門窗選擇及窗框周邊材料以及施作，尤其是老舊建築更要做門窗密封條、隔音氣密條、有效密封維修，達到防塵、防風、防噪音，還能防止花粉被風吹進家中，防止關閉時的碰撞聲的氣密性維護。如果門窗過於老舊超過生命使用週期，則考慮更換確保氣密性能，空間氣密性優良亦可節約大量能源及電費。

狀況3：公寓住宅室內常聞臭氣及噪音，經由公共管道間的破口或縫隙逸散

出，成為台灣公寓最常見又難解的問題。往往其中一戶在浴室抽菸，透過公共管道間逸散到別戶的浴室廁所，或是地下室儲水池臭氣由公共管道間垂直傳播到地上各層住戶，還有上下樓層噪音也會經由管道間傳到別戶，更嚴重的是病菌也會經由公共管道間傳播到各層樓住戶，如**2003年香港爆發非典型肺炎（SARS）病毒是由公寓的公共管道間開始傳播到整個公寓住戶甚至擴散到全國進而到國外的慘痛經驗。**

→**對策：**

（1）要先瞭解每戶給水及排水系統是不是都接有獨立的汙廢水排水的排氣管，獨立流到屋頂排除到戶外，避免臭氣聚集公共管道間之內，因住戶裝修時常更動連接到公共管道間之汙廢水管，在施作時沒有確實將打開的管道間破口及縫隙回補到確實氣密程度，使公共管道間之汙穢臭氣經由此破口逸散到各住戶室內空間（圖8）。補救之道是在公共管道間屋頂排氣口，裝置排風系統將汙廢氣抽風排除到室外。正常管道間需要連續抽風使管道間內空氣呈「負風壓」的狀態，防止臭氣倒灌，每層浴室廁所的煙味或臭氣都能隨時排到公共管道間內，再抽到屋頂排出戶外，此外還要確保臭氣排出屋外而不會因風向而回流公共管道間內。

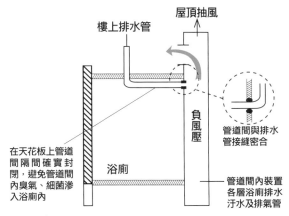

（**圖8**）公共管道間破口回流汙染空氣

（2）每戶浴廁的每個便器汙水管與盥洗盆、浴盆、地上排水口等的排水管，在公共管道間內應分別設置排氣管連通到屋頂排氣。

（3）屋頂排風系統還要注意的是排風系統的排風扇產生的音頻，不要在管道間裡面產生共鳴或共振，否則接近排風扇住戶的廁所，會有不停的如口哨聲的高頻噪音，嚴重影響空間品質。

狀況4：室外因燃煤、交通車輛集體排出各種汙染物導致空汙嚴重爆橘燈，無法以開窗通風方式引入新鮮空氣，如何淨化室內空氣。

→**對策：**

當室外PM2.5濃度比室內還嚴重時，立即關閉所有門窗，打開空氣清淨機，可過濾家裡建材如天花板、牆面材料、地板、傢具等經過不斷地老化產生落塵形成汙染微塵，清除室內汙染空氣，如塵蟎、甲醛、一氧化碳、揮發性有機物及

（細）懸浮微粒，過濾脫臭、殺菌等維持室內空氣品質。具有保濕閃流、脫臭觸媒、長效濾網功能之效果較佳（圖9）。

（圖9）運用空氣清淨機輔助，改善室內空氣品質

狀況5：香菸及二手菸危害健康，研究證實菸草中還含有大量致癌物質。菸草燃燒菸霧中的化學物質，以尼古丁、焦油及一氧化碳對身體的危害影響最大，被稱為香菸三大殺手，吸菸是心肌梗死、中風、慢性阻塞性肺病（COPD）及癌症的主要危險因數。不抽菸的人也可能因吸入二手菸而造成肺癌。

→**對策：**

禁止在廁所及陽台抽菸以免煙味經由管道間飄逸到其他住戶影響他人健康，目前已有判例會罰款。台灣目前在家抽菸不受菸害防制法規範，但若在陽台、廁所抽菸，二手菸飄到別的樓層戶被檢舉，可以依公寓大廈管理條例開罰，最高可罰1萬5,000元。事

實上臺北地院曾經有判例，9樓住戶在陽台抽菸，二手菸飄到8樓，因而被判賠償1萬5,000元，如果住戶可以舉證受到菸害，也可依民法侵權行為請求民事賠償。

狀況6：近年室外空氣汙染及病毒感染威脅越見嚴重，在室外活動時如何因應。

→**對策：**

室外高濃度懸浮微粒場所需戴N95口罩才可以擋住室內外二氧化碳、碳氫化合物等，但仍過濾不了二氧化硫、二氧化氮等有毒氣體以及直徑小於0.2微米的病毒粒子，一般市售外科口罩無法過慮PM2.5直徑以及小於2.5微米的微塵。最有效的方法是遠離這些汙染源，少參加公共場所聚會，離開汽機車排氣口至少20公尺距離。

狀況7：當大環境受突發疫情影響，住宅空間設計可如何減少細菌病毒藉由空氣及接觸物質傳染。

→**對策：**

（1）將住宅室內空間分區規劃、分區控制獨立通風換氣系統，阻斷房間之間空氣傳染管道及途徑，減少細菌、病毒藉由空氣互相傳染。

（2）室內各房間都設有機械通風與自然通風可視情況選擇通風方式，可隨時

開窗引入室外新鮮空氣排除室內汙染空氣，或以機械增強房間新風量排除室內汙染空氣，也可兩者並用，還可加大樓梯與電梯間通風量等。

（3）因為病毒體積非常小，一般空氣濾過方式機器很難排除它，可使用「高性能長效濾網」、「閃流放電技術」及「主動離子技術」的空氣清淨機，透過強力氧化分解附著於空氣中細菌，氧化氫氧自由基活性物質，抑制細菌及病毒活性化的空氣清淨方式。

狀況8：公寓社區建築大多安裝柴油緊急發電機作為大樓停電時緊急逃生系統供電之用，不符合健康需求也無法配合電動車普及後建築電力需求量。依照建築技術規則建築設備規定公寓社區需設置照明設備及緊急供電設備、火警自動警報設備、緊急廣播設備、地下室排水、汙水抽水幫浦、消防幫浦、消防用排煙設備、緊急昇降機、緊急照明燈、避難方向指示燈及標示燈等。柴油發電機是利用燃燒柴油後以其燃燒廢氣壓力推動發電機組，發電的電力品質不佳，廢氣汙染影響肺部健康及使用時的噪音，一直是柴油發電機作為電力備援重大缺點。

→對策：
配合電動車的逐漸普及化及地下室停車

（圖10）鋰電池儲能系統　　（圖11）儲能系統一體機

充電需求，公寓住宅可以使用鋰電池儲能系統（圖10）來替代傳統柴油發電機，發生停電或跳電事故時具有不斷電的功能，儲能系統安靜、低汙染、環保、安全、不佔空間且幾乎無需保養，成為近年來在建築物內設置儲能系統來替代傳統發電機組的主要原因。電動車逐年普及化，很快的住宅公寓停車場需要大量電力解決電動車時代來臨下的住宅電力饋線大量需求，儲能將是最佳的解決方案。日本自從311地震後便有一系列的獎勵措施鼓勵民眾安裝儲能系統在其住家與建築大樓內，作為一旦發生斷電時的逃生疏散與救援使用。隨著綠能與微電網的需求，台灣預計完整的儲能系統標準與安規設立可望在2025年前落實使用，也可避免傳統柴油發動機產生甲苯等有害的氣體物質，提供無噪音、無化學臭味，供電系統運轉穩定的

健康能源住宅，更重要的是儲能系統能夠利用夜間低價離峰時間儲電於白天使用，可節省住宅大量電費。台灣目前所研發之儲能裝置，正與各縣市政府及中央能源局合作研發之項目，地方政府也正在研擬獎勵中。別墅或透天厝可用太陽能逆變器與10KW/20KWh儲能系統一體機（圖11），儲存屋頂太陽能一整天的發電量。

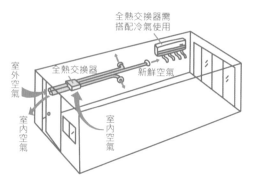

（圖12）全熱交換器（新風換氣機）示意圖

狀況9：降低室內二氧化硫、二氧化氮、揮發性有機化合物以及一氧化碳、二氧化碳、氡氣、甲醛、生物細菌、病毒細菌等汙染有毒空氣。

→對策：

回家前可結合智慧化以手機啟動預設通風系統，保持室內通風環境維持空間衛生，到家後再開啟冷暖空調系統節約冷氣電力。室內安裝全熱交換機或新風換氣機（圖12），將室外的新鮮空氣與室內空氣進行交換，降低揮發性有機化合物體汙染空氣，同時也執行熱交換，讓室外引進的風溫更接近室內溫度的冷暖空調效果，也可以減少空調的耗能。

狀況10：家居生活保持空氣品質注意事項。

→對策：

（1）長期濕氣太高會滋生黴菌、真菌及細菌等室內汙染空氣。住宅室內保持55～60%相對濕度最佳，並禁止室內吸菸，儘量不燒香，因為香棍所使用黏著劑在點燃加熱時會溢散揮發性有機物質顆粒如甲醛、硫化氫等充滿空間，PM2.5也會升高。避免廚房抽油煙機連通室外排氣口設在迎風牆面，使廚房油煙產生PM2.5回流室內。

（2）選擇環保水性界面活性劑洗衣服。採用減少揮發性有機溶劑產品，如環保油漆、環保標章家電、種植綠色植物等。離開汽機車排氣口10到15公尺以上。調整生活習慣，平衡自體免疫力如多運動多喝水。

（3）出門參考環保署提供空氣品質監測值，上下班尖峰期間避免在路上行走，多用鼻子呼吸少用嘴巴呼吸，利用鼻腔對微粒狀過濾及沉積懸浮微粒功能，空氣品質差的地點避免從事劇烈運動，平日在空氣清淨場所練習呼吸1分鐘12次、每次至少約500 cc。

標準及規定

1.依照建築技術規則規定

· 住宅之居室及浴廁之窗戶或開口的有效通風面積不得小於該空間樓地板面積5%，廚房有效通風之面積不得小於廚房樓地板面積10%，且不得小於0.8平方公尺。

· 有關自然通風設備構造也有相關規定，例如防雨、防蟲之進風口、排風管道等，應以不燃材料建造。

· 外牆設施開口的限制規定，例如建築外牆設置門窗開口、廢氣排出口或陽台等相關規定，門窗開啟不得妨礙公共交通等等通風的規定。

· 注意建築物外牆開設門窗不得妨害公共交通。建築外牆或陽台外緣距離境界線水平距離在1公尺以內，外牆不得向鄰地方向開設門窗開口及設置陽台，避免對視。

· 同一基地內建築物間或同一幢建築物，相對部分外牆開設門窗開口或陽台的時候、其相對水平距離應在2公尺以上。

· 向鄰地建築裝設廢氣排出口，其距離境界線水平近距離應在2公尺以上。

2.室內空氣品質管理法施行時程：2012/11/23

行政院環境保護署環署空字第1010106229號令訂各項室內空氣汙染物之室內空氣品質標準規定如下：

項　目	標準值		單　位
二氧化碳（CO_2）	8小時值	10,000	ppm 體積濃度百萬分之一
一氧化碳（CO）	8小時值	9	
甲醛（HCHO）	1小時值	0.08	
總揮發性有機化合物 （TVOC，包含12種揮發性有機物之總合）	1小時值	1.56	
細菌（Bacteria）	最高值	1,500	CFU/m^3 菌落數/立方公尺
真菌（Fungi）	最高值	1,000 但真菌濃度室內外比值 小於等於1.3者不在此限	
粒徑小於等於10微米之懸浮微粒	24小時值	75	$\mu m/m^3$ 微克/立方公尺
粒徑小於等於2.5微米之懸浮微粒	24小時值	35	
臭氧（O_3）	8小時值	0.06	ppm 體積濃度百萬分之一

3.氡氣（國外標準規定）最低樓層，氡含量低於 0.148 Bq/升（4 pCi/升）
4.行政院環保署規定：二氧化硫（SO_2）日平均值：0.1ppm（體積濃度百萬分之一）
5.行政院環保署規定：二氧化氮（NO_2）：小時平均值：0.25 ppm（體積濃度百萬分之一）

案例實證─李院健康住宅
打造健康呼吸空氣環境

基地室外風環境規劃

■ 背景說明

基地位於台灣、新北市北緯23度，臨觀音山及淡水河（圖1），座西北朝東南方位，西南向終日接受日照，夏季西南涼風，冬季東北冷風，北側後臨兩棟25層高樓住宅，對基地產生量體壓迫感（圖2），東南向面臨12米面前道路，西南側臨8米計畫道路，坐落為角地基地。

■ 設計對策

依照基地環境及季節風環境特性，規劃冬暖夏涼通風住宅。

（圖2）北側後臨兩棟25層高樓住宅

（圖1）基地環境照片

李院健康住宅規劃將北側既有25層高樓納入成為阻擋冬季北風之天然屏障，使該住宅冬季無北方冷風，夏日迎向西南涼風區域環境，形成安居在前的健康好宅。外觀設計上，考量角地特性，將該住宅12層樓設計成雙正面的精緻雕塑體，有別於其後高層建築外觀而化解其量體壓力，創造一棟「後有靠山」的精美健康建築。

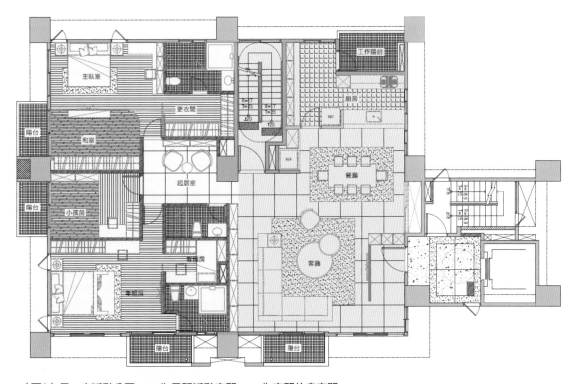

（圖3）日、夜活動分區　▨▨ 為日間活動空間　　 為夜間休息空間

住宅室內通風換氣

住宅室內可採用空間分區方式滿足各區通風換氣功能，各區空間需有自主調節通風設置滿足各區不同時段、不同性質活動之需求。

■日夜活動分區

該住宅設計將室內空間通風滿足日、夜活動分區不同需求，將客廳到廚房公共空間與臥室群兩者不同活動性質及時段的通風方式分開設計（圖3）。

■公共空間通風設計

客廳到廚房公共空間採用對流通風方式為主，附設強制抽風方式排除室內汙染物質及廚房油煙，對流通風的路徑可從一邊客廳通風的開口門窗（圖4）到另一個廚房可通風開口門窗（圖5），通風路徑必須順暢且路徑長度在20公尺之內，且路徑轉彎角度在90度之內，確保通風的有效性。

住宅的客廳、廚房、廁所等門扇加裝可開關的通風閘門附紗窗（圖6），需要通風的時候可以將門上的閘門打開，避免室外氣流快速吹進室內形成過堂風容易風寒。對流通風路徑不能被門扇關閉阻隔，其路逕必須處於隨時開放的公共空間，其對流通風路徑如（圖7）。

如此可以貫徹通風路徑完成有效通風。另須注意廚房抽風室外排氣口位置避免開設在迎風方向，以免廢氣回流室內。

（圖4）客廳手動可開通風的開口門窗

（圖5）廚房手動可開通風開口門窗　　　　　　　　　　　（圖6）通風閘門

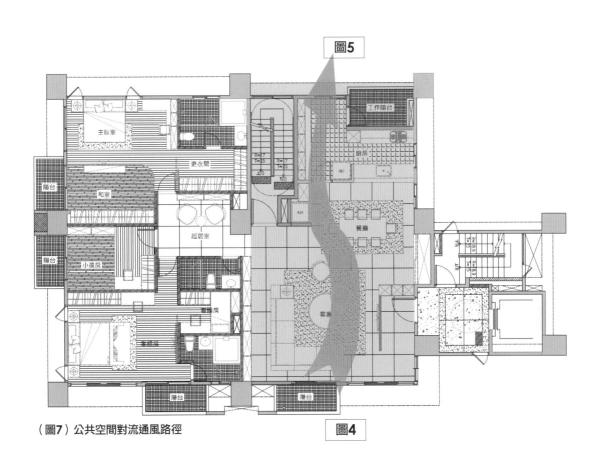

（圖7）公共空間對流通風路徑

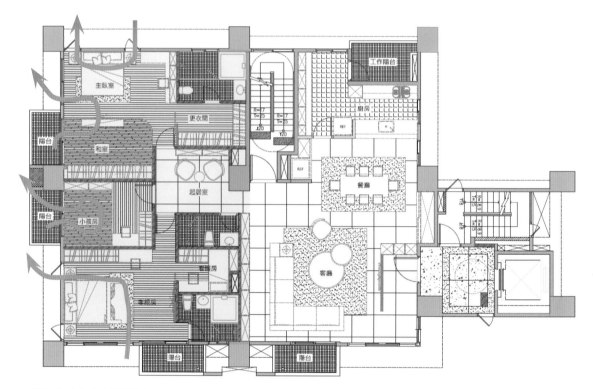

（圖8）臥室臨窗通風路徑

■臥室通風設計

臥室群採用臨窗通風方式，其通風路徑如（圖8），臨窗通風面積為通風開口窗戶的左、右邊1～2公尺之內，與進深5公尺內的室內空間面積範圍。有效通風可由單側開窗室內、外風壓之溫差所引起的通風。其開窗方式考慮床鋪位置如（圖9）。窗戶與床榻之間保持距離避免涼直接吹風到身體（圖10）。因為睡覺的時候毛細孔張開容易受風寒，另臥室床頭避免面對廁所開門，一來避免汙穢空氣直接流到頭部，二來在心理上不會沖到廁所不良氣場。各區以自然通風或併用機械通風方式滿足人體新鮮空氣需求，維持室內空氣品質。

（圖9）臥室臨窗通風開窗方式

混合通風方式

各房間設有機械通風與自然通風兩者兼具可供選擇使用,室內通風率每一秒鐘0.5公尺左右速度能達到舒適通風環境。

■各房間可自主開關窗戶作通風換氣

住宅各個房間皆設有氣窗及手動可開景觀窗戶,隨時都可開關作通風換氣(圖11),隨時手動開窗排出室內汙染空氣如PM2.5、揮發性有機化合物並引入室外新鮮空氣,在春天或秋天溫度不會太熱或太冷時也可開窗引進室外溫度適宜的空氣,無需完全依賴密閉式機械空調系統,室內通風路徑上房間也加設氣窗保持各房間通風狀態,維持室內空氣品質兼顧良好景觀視野且又節約能源。

■手動可開門窗方式選擇及開窗條件

確認有效通風開口形式及方位,開窗形式如天窗、落地窗、橫拉窗、推拉窗、氣窗,以及廚房、陽台等公共空間的通風門及窗,有利於通風,打造健康舒適的室內風環境。住宅房間窗戶應依45頁建築技術規則規定設置開窗面積,各房間窗戶面積需佔5%建築面積,依環保署網站airtw.epa.gov.tw空氣品質監測網對AQI、PM2.5、O3等值顯示綠色或黃色燈時,可隨時打開窗戶通風。

■進口門廳設中介空間避免過堂風

室內外大氣溫度不同,氣壓導致冬天冷風或夏季涼風由大門快速流入,容易引起風寒或中暑。該住宅每戶設有獨立梯廳形成中介空間,避免氣流直接灌入室內,影響健康。

(圖10)窗戶與床榻之間保持距離

(圖11)氣窗自主開關窗戶

第二節
創造自然健康光環境

光是輻射的一種可見的波頻，在光譜中，太陽輻射出來的光線分為可見光和不可見光，可見光是平常我們所見的紅、橙、黃、綠、藍、靛、紫等，都是屬於中間的可見光譜，波長在**400～700**奈米的電磁波的波頻。由此可見光譜兩旁是不可見且波長較小的藍光、紫外線以及波長較大的紅外線，對人體皮膚及眼睛造成顯著的傷害。健康好宅需具備健康的光環境，各個空間依照其性質都規劃充足、適當又舒適的自然採光及人工照明，不會影響睡眠休息的活動，讓身體獲得充足又優質的睡眠，維持足夠的精神與體力，增強身體免疫力抵擋病菌入侵的能力。

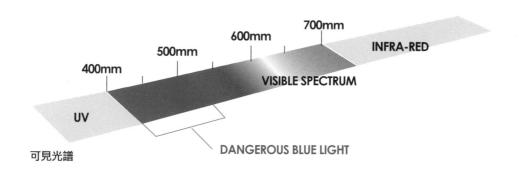

可見光譜

我們人體至少有上百種以上的生理功能是受到光線直接影響的，正常狀況下體內各系統調節是與大自然的四季、晝夜一樣具有週期性的規律的，如果人體日夜作息不規律或長時間生活在一個黑暗的情況下，其身體週期性的生理功能都會變得很雜亂。在正常情況下由腦垂體前葉下視丘分泌激素刺激腎上腺皮質醇，濃度為$8\mu g/mL$，晚上只剩一半，深夜只有$2\mu g/mL$，有日夜不同之特性，受光線及壓力影響，若到晚上還接受紫外光照度，身體會呈現肌肉緊繃壓力狀態，無法入睡。另外，黑夜時由視網膜感知光線環境中的黑暗信號，傳遞給松果體分泌一種荷爾蒙稱為褪黑激素，褪黑激約晚上11時是開始入睡前

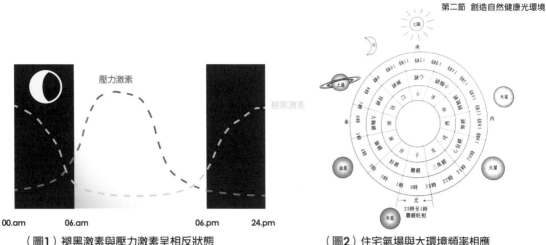

（圖1）褪黑激素與壓力激素呈相反狀態

（圖2）住宅氣場與大環境頻率相應

便會產生，在半夜2～3時會達到高峰，在早晨6～8時下降，與腦中壓力激素呈相反狀態（圖1）。褪黑激素在體內的濃度曲線，反映出人體的正常荷爾蒙分泌之生理時鐘即「睡醒循環」影響身心健康甚鉅。2017年有三位美國研究生理時鐘獲得諾貝爾醫學獎者分別為Jeffrey C. Hall, Michael Rosbash and Michael W. Young，他們通過精密的研究實驗，證實動植物和人類是如何讓生物節律適應晝夜變換對人體的影響。

健康影響與設計對策

狀況1：熬夜會打破人體內精妙的生理時鐘，造成大腦開始吞噬自己節律調節的關鍵基因，生物節律失效後，會造成腸胃不適、情緒不良、憂鬱症、心血管疾病、糖尿病及心臟病等。美國國家心理健康研究院（National Institute of Mental Health）的研究證實，現代人80%時間都因人造光源刺激視網膜影響松果體分泌褪黑激素不足而影響睡眠品質，會促使腫瘤發生，對健康造成莫大傷害。

→對策：

1.減少藥物使用，如高血壓、膽固醇藥物會減少褪黑激素分泌。2.注意食用咖啡因、酒精、菸草會減少褪黑激素分泌。3.遠離電磁波，尤其夜間睡眠時身體需距離電子產品、手機充電至少3公尺。4.正常生活作息時間可穩定生理時鐘，可提高睡眠品質，讓身體疲勞得以修復，遵照中華文化所談「日出而作，日落而息」設計理念，就是順應自然可

生活作息尊重子午流注運行

生活作息尊重人體自然24時人體子午流注運行需早睡，要配合人體經絡循行時間，如23時到1時膽經循行，1時到3時肝經循行，身體需躺臥而血歸於肝執行解毒工作。假使日常活動違反運行時辰，深夜1時氣已經運行到肝經，不睡覺時還在網咖拚命，會使氣血虧虛兩眼失神，久了自然會生病。

促進人體健康的原則，使全身經脈穴道暢通並和宇宙大環境的頻率共振，設計空間環境及院落植物與四季節律相應，讓五官感受四季變化，享受沐浴在自然環境變化中，體認住宅的氣場與五行互動，身體組成元素之地、水、火、風與四周自然環境緊緊相連（圖2）。

狀況2：藍光（LED）技術是在1998年被開發出來還獲得2014年的諾貝爾物理獎，眾所皆知很多藍光LED燈具可省電，也是現在普遍被用來當作建築節能省電的方法，但是看久了對眼睛是非常不利的，藍光是屬於不可見光，它與我們所見的紅、橙、黃、綠、藍、靛、紫等可見光的波長與頻率能量不同，會對人體眼睛造成顯著的傷害，因為藍光波長介於400nm～480nm之間，眼睛接觸過久很可能會產生大量自由基，造成視網膜微循環短期障礙或減緩血液供

應造成的眼睛乾澀疲勞的現象，由燈具可看出的藍光燈管輸出能量（圖3）遠大於傳統燈管輸出能量（圖4），會造成眼睛視網膜傷害如（圖5）。

→對策：

從進化論角度來說，人的眼睛習慣適應自然光線，在人造光源還沒有出現之前，太陽光是唯一光源，祖先們日出而作日落而息，依靠太陽光來生活，太陽光不僅能為地球提供照明和能量來源，太陽的光還能調節人類的生理節奏，對人類的生物學、心理、人體健康很大幫助。

現代人日常生活及工作大部分時間處於室內，接觸太陽光變少了，需要室內照明輔助。市面上有很多LED燈具的藍光是「過量」的，藍光技術上是將GaN晶片和釔鋁石榴石（YAG）封裝在一起做成的，GaN晶片發藍

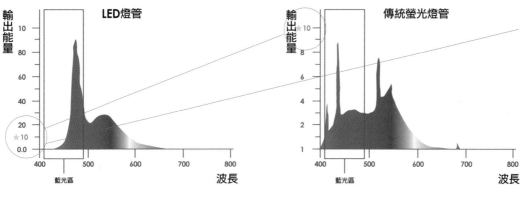

（圖3）藍光燈管輸出能量　　　　　（圖4）傳統燈管輸出能量

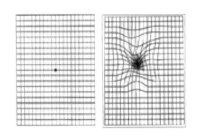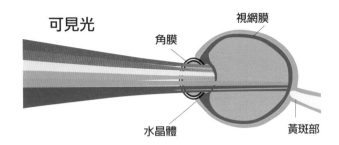

可見光

視網膜

角膜

水晶體

黃斑部

（圖5）藍光對視網膜的傷害

光，波長 λ 等於465納米（nm），波長帶寬大約是30納米（nm）。因為人類是在太陽系裡進化出來的，人的眼睛不能適應LED發出的「過量藍光」，根據黑體輻射的「維恩位移」定律，我們可以通過太陽表面的溫度，計算出太陽光的中心波長在550納米（nm）左右，我們接觸藍光LED的中心波長465納米（nm）與太陽光的中心波長範圍偏離很多。所以從進化論角度來說，我們人類的眼睛不能接受「過量曝露」藍光，避免接受400納米（nm）到480納米（nm）的藍光燈具發光體，否則會造成細胞慢慢不知不覺受損導致視力減退還會引起白內障，甚至會傷害眼睛的後半部也就是黃斑部病變。目前國內有近千家LED燈的生產廠家，國家準標CNS15592對LED燈具以生物安全評估標準也劃分如0.無風險類別、1.低度風險類別、2.中度風險類別、3.高度

風險類別等級。消費者要選擇0.無風險類別。國際上將LED光輻射等級分為4個等級：豁免類（RG0）、低危險類（RG1）、中度危險類（RG2）、高危險類（RG3）。除了豁免類，對視網膜沒有危害外，其它類型都難免會造成眼睛的危害。

健康住宅選擇照明燈具時，可選用接近太陽光自然光源燈光產品，波長為500 nm到600nm（納米）之間的燈具如（圖6），可用於檯燈、燈泡、嵌燈、輕鋼架等燈具使用，接近自然光顏色較不失真，電源轉換效率高不發燙減少熱輻射，有效提高使用眼睛的舒適度。尤其在日常生活中長時間使用電腦螢幕工作者，或長時間組裝模型、繪圖者、高精密用眼力等環境以及長期使用檯燈閱讀的學童或成人需特別注意避免使用波長為400納米

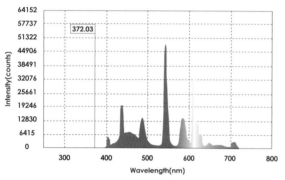

（圖6）發出接近太陽光全光譜光源

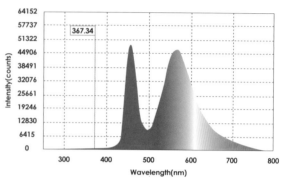

（圖7）藍光為主要光譜光源

（nm）到480納米（nm）的藍光的燈具，其演色性約Ra70左右，彩度失真，色辨率下降，造成色弱破壞眼球細胞如（圖7），建議採用接近太陽光全光譜光源，冷陰極管波長特性，可還原物品真正色彩，不傷害眼睛的產品（元冠科技照明）。

狀況3：

現代人經常使用電腦，在LED電腦螢幕前，藍光長期直接被黃斑部吸收也會造成不可逆轉視網膜的傷害。長時間觀看電腦螢幕會產生電腦視覺症候群（Computer Vision Syndrome，CVS），一般電器照明都有「閃頻」存在，閃頻是電腦螢幕週期之間的亮度變化。尤其是市面上有些LED燈具更顯著，現代人每天花很多時間看電腦螢幕，如果螢幕閃頻加上電腦亮度與周圍亮度差異太大時，會讓人眼睛乾澀更有疲勞感，電腦螢幕看久了會使眼睛非常乾澀疲勞。

→對策：

選用閃頻較小，新型經過檢驗認證的電腦螢幕，採用接近日光質量閃頻較小的燈具，配合使用環境在50%以上畫光率的空間，避免在沒有窗戶自然光的空間。照明燈具距離電腦螢幕約30公分，照射方向可由電腦螢幕上方照射約15度角度，注意光源照射螢幕要均勻，面積範圍要覆蓋全螢幕，較不會使眼睛疲勞（圖8）。選用燈具時要注意如無紫外線、低藍光、電源轉換效率高又不發熱減少熱輻射、節約能源、防眩光又無噪音的產品，因為看電腦工作時間經常較久，尤其是小朋友做作業等常聚精會神超過一小時以上，會使眼睛特別疲勞又傷眼睛，可用電子手環設定提醒不要久坐久看電腦螢幕超過一小時。另外需慎選擇

（圖8）晝光調整及全光譜檯燈　　（圖9）負離子空氣淨化燈泡　　（圖10）光觸媒抗菌除臭燈泡

輻射小的檯燈配合不透明燈罩遮擋側向直射眼睛光線，讀書頭部離開檯燈至少30公分以上，避免長時間接受輻射，全方位保護孩子眼睛。作者長時間使用電腦，自從更換全光譜燈具光源，調整房間的晝光環境後，眼睛舒適性明顯改善。

狀況4：以照明協助降低室內之微生物懸浮微粒以及粉塵的方式。
→對策：
隨著照明科技發達，目前已可使用負離子空氣淨化燈泡及光觸媒抗菌除臭燈泡，協助淨化室內空氣。

（1）負離子空氣淨化燈泡：可降低住宅室內空氣汙染中微生物濃度，負離子可吸附空氣中固態顆粒、PM2.5、煙塵、細菌、真菌、黴菌、塵蟎等病原及過敏原，具有淨化室內空氣的作用（圖9）。

（2）光觸媒抗菌除臭燈泡：經過認證可消除臭味、可使黴菌被光催化劑吸收和分解，減滅一般細菌、銅綠假單胞菌、流行性感冒等650種有害細菌（圖10）。

狀況5：其他電子產品
除電腦以外會發出藍光的光源有很多，常用電子發光產品如平板顯示器、LED霓虹燈、螢光燈、液晶顯示器、iPad、手機等，它們都含有短波藍光，如果使用過量會影響視網膜。
→對策：
空間使用接近陽光光譜曲線的有機燈照明，使用發光產品時盡量避免用眼睛直視光源，避免使用電子產品與周圍光環境照度差異程度等，可參考以下設計使用策略中的第6點空間亮度變化的光環境內容。

健康住宅照明設計訣竅

■1.室內照明分區

照明規劃將晝、夜空間照度作區分，住宅空間白天依活動不同設置較高照度的照明系統，夜間休息空間可降低照度準備睡眠，如此區分照明系統照度可使白天與夜間活動不會互相干擾外，還可節約長年照明電費。另要注意到住宅的外週區以及內週區的照明分區規劃，比鄰外牆的外週區空間面積比較有窗戶採光（圖11），但沒有比鄰外牆的內週區經常是缺少自然光線，需要利用燈具照明的方式補足空間照度（圖12），所以內、外週區照明系統與照度需要分區規劃及獨立控制，如此還可減少外週區照明用電，以節約長年電費。

（圖12）內週區照明明

■2.引入自然光線

（1）自然光線可以治療季節性情緒障礙：據美國國家心理研健康研究院（National Institute of Mental Health）對這種身體狀態提醒大眾，醫學證明這是一種由於季節性變化而產生「季節性情緒障礙」（Seasonal Affective Disorder，SAD）疾病，例如隨著秋天到來，平常日照時間越來越短，他們就會出現抑鬱症狀也稱為「無明煩惱」或是「起床氣」，如能將自然光線引入住宅空間（圖13），讓人視覺清明，神清氣爽。

（圖11）外週區採光線

（圖13）引入自然光線的空間

（3）陽光可強化骨質：照射陽光可增加身體維生素D，它可以幫助我們從飲食中吸收鈣和磷酸鹽，這些礦物質對人體擁有健康的骨骼、牙齒和肌肉至關重要，如果缺乏維生素D可導致軟骨病以及骨骼畸形等，因此，維生素D也被稱為「陽光維生素」。幸運的是，我們幾乎可以從陽光中很方便的吸收人體所需要的所有維生素D，我們大多數人都能以這種方式獲得所需的維生素D。當然，長時間暴曬在陽光下有其危險性，因此要注意防曬，比如使用防曬霜或是在一天當中最熱的時段避免直接曬太陽。

（2）自然光線可改善心情，促進健康：這是因為當陽光通過視神經進入大腦後，人體感受到了陽光，給人們帶來滿足感的化學物質血清素水準隨之增加，因此可心情改善；反之，經常夜班的人由於陽光不足有可能會導致心情沮喪甚至抑鬱，假使室內有無法引入自然光線的空間，可用類似自然光頻率的燈具，只要早上照射30分鐘就能調整你的生物鐘改善心情，讓人感到更快樂。

（4）自然光線可以改善睡眠：當冬天日照時間短，很多人會覺得身體疲憊睡眠不好，一個主要的原因是缺少陽光的照射，會使人體內的褪黑激素分泌不足而影響睡眠，如果冬天白天能有一個小時暴露在陽光下，能幫助人們晚上睡眠時增加睡意，有些飛機航班已經開始模仿大自然不同光線，幫助旅客消除疲勞及調整時差。

■3.採光與照明並用的光環境設計

室內光環境設計以自然光為主，人工照明為輔的原則比較健康。住宅室內光環境保持50%以上的畫光率比較舒適。設計前先瞭解不同空間活動性質所需要的照度，各房間分別考慮日光及燈光互補質量，如住宅外週區因採光較多，人工燈光可配合減少照度，內週區採光較少或較間接，則使用較多人工照明。無論自然採光或是人工照明都須注意室內使用點或面，垂直或平面的光照質量，盡量使用自然光或有機照明避免藍光，其波長各為 (圖14)，創造適合不同活動空間舒適的光環境。

（1）自然採光方面：建築設計由規劃到細部設計各階段，從建築外立面設計到室內的格局，利用外牆開窗透過玻璃獲得足夠日光照射，建築外牆開窗及遮陽設計，需根據季節性日照方位角及高度角的差異，來規劃室內空間的日光照射照度及方式，如南向房間有全天日照不宜開大面積窗，窗戶需要水平及垂直遮陽避免日光直射室內太久，西面房間需要較深遮陽，避免午後低角度日光直射室內太長造成太熱及光線過量。面西房間因溫度較高，可做高齡者的臥房及浴廁空間冬天較不會感冒，或可做廚房連通的陽台供曬衣服等工作空間。北向空間較無日照，可設計較大玻璃窗戶不會有大量日照產生溫熱環境，因天空光比較穩定，房間可作畫室。住宅各房間須仔細檢視確保可以獲取適當的光線照射量。

（2）室內照明方面：沒有自然採光的室內內週區空間可以用借光、引光或導光的方式獲得日光，如開設天井，透光隔間材質等方式。這種無光空間的照明環境應該考量因素如適當照度、避免眩光、良好均勻度、燈具色溫等設計評估，所有房間都需注意避免眩光，以免刺眼的光線，妨害物體的辨識影響工作效率，更嚴重的是造成安全問題。

■4.適當室內色溫設計

室內儘量選用3000K以下色溫燈具產品比較不會傷眼睛，也較有溫馨感覺。精緻住宅燈光設計可隨時間轉變，例如白天活動空間色溫較高，晚上休息空間色溫較低，一般而言室內可選用琥珀色低壓鈉燈具有溫馨紓壓效果，一般五星級飯店臥室傾向用琥珀色燈具照明設計 (圖15)，室外外陽台也可選擇琥珀色，因為昆蟲、飛蠅不喜愛琥珀光而會自動遠離，可保持環境乾淨。一般昆蟲視覺

只能看見1/7人眼可見比例光線，也比較喜歡藍色或白色水銀燈泡（圖16），如果要引走昆蟲離開住宅、陽台及院子，可用藍色或白色水銀燈泡光線引開昆蟲，市售捕蚊燈即是紫藍色為主可證。住宅室內色溫規劃，詳見第五章第一節空間色彩能量p158內容。

（圖15）琥珀色

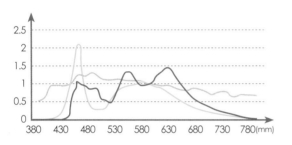

（圖14）灰色曲線為自然光波長，深藍曲線為有機照明，淡藍曲線為藍光

（圖16）藍色或白色水銀色

■5.適當天地壁建材反射率

空間室內由天、地、壁三次元如天花板、地板及牆壁所構成，裝修材料及照明燈具選用須注意，天花板的反射率為50%儘量選用象牙白等淡色系以增加光的反射力。牆面保持光反射率為30%的建材可用較深色系各類面材，如平板水泥漆塗裝、壁紙、石材、磁磚、玻璃材料等建材，地板保持光反射率為20%，地板為視覺接觸最頻繁的室內面積，盡量用低反射率的建材避免視覺疲勞產生眩光，建議採用比牆面反射率更低的顏色，材質方面可選用實木地板、超耐磨地板、地毯、石材地板或PVC等，尤其是高齡者居住空間更需注意避免高反射率的硬質材質，因木材質較石英磚柔軟且有溫度感又可止滑可以保障安全，住宅如有高天花板大廳設計，盡量避免裝置燈具在高天花板不易維護或更換，可用燈光照射天花板以反射方式照明處理。

■6.空間亮度變化

住宅各房間照明規劃時要注意照明亮度不要比相鄰空間相差太大，避免使用者晚上從一個空間移到另一個空間時照明照度發生重大變化會影響視覺不易調適，並可能導致行走安全，如進入電影院時視覺不易調適。室內使用電器產品，避免過大的照度變化會造成個人的視覺舒適感。如現代人夜間有看手機習慣，尤須注意在黑暗房間睡眠時，突然接手機看亮度高螢幕，光差異對眼睛傷害尤其大，而且影響繼續睡眠的品質（圖17）。

■7.滿足高齡者照明需求

（1）照明環境規劃時注意不同年齡應使用不同照度以及個體化照度控制，高齡者由於水晶體黃化，眼角膜受損的緣故，眼睛顯光透光度下降易造成視覺誤差，因此需要較高的照明強度與色溫。照明亮度需求與高齡者褪黑激素減少有關，照明設計需特別注意。所以高齡者房間全照明、閱讀、工作桌面都需要更高照度。（工研院綠能所，劉旻忠等）

（圖17）夜間突然看亮度高螢幕相當傷眼

視力保養

1.穴位按摩：
營養配合眼睛保護及保養要注意使用時間，每隔20～30分鐘閉目休息一會兒並作中醫穴位眼睛按摩5分鐘。

2.營養補充：
眼睛保養方面，平日要維持均衡營養，尤其是維生素A、維生素C、維生素E、微量元素鋅、硒等。最為簡便有效是補充複合葉黃素等包括所有眼部營養素，購買市售葉黃素尤需注意選擇大廠製造，其成分特色必須經過認證、保留完整活性天然型態、耐熱性、耐酸性佳。添加有機莓果多酚（葡萄、藍莓、山桑子、蔓越莓、櫻桃、草莓、西莓、覆盆莓），花青素、白梨蘆醇、奎寧酸等抗氧化成分，長效阻擋藍光自由基，運用天然生物酵母載體轉化微量元素鋅，滋補晶亮基底營養素特性尤佳。長期使用電腦工作者，用需要使用葉黃素補充，如聯華食品KG專利金盞花葉黃素。

（2）除增加閱讀空間照度及加強浴室照明以外，高齡者每個房間安裝至少兩個以上開關比較方便及安全，高齡者在房間進口以及床頭手邊均設有電燈開關，方便在床休息時關燈或開燈尤其夜間起床時的照明需要，房間走道及床頭宜設置夜燈供夜間行動指引，從床鋪到浴廁、藥品櫃及飲水機檯面的走道，最好設置感應式燈具供夜間使用便利又安全，燈光不要直射眼睛，此外須注意床頭側需安置有手電筒等供緊急照明用（葉明森等，2014）。

註：晝光是指天空光。晝光率是以室內任一點照度與當時該室外為晴天狀態下之水平面照度的比值。（D=E/Es×100%）

 標準及規定

1.依照建築技術規則

· 對於住宅需要的日照空間有規定，住宅至少有一間居室之窗戶直接獲得日照，住宅設置採光窗或開口面積不得小於該樓地板面積8分之一，地板以上50公分範圍之開窗或開口面積，不得計入採光面積。適當的採光面積可以降低住宅對人工照明的依賴程度，也可以節約能源及電費，每棟住宅都有其採光權利，房屋新建的時候，必須與現有房屋保持相當的距離，以保障每一棟建築的住宅都有採光，此距離的規定是建築高度不得大於鄰棟建築之間水準距離4倍。

· 住宅房間地板以上1公尺開窗，其樓地板水平深度5公尺內算有效採光深度，住宅空間的採光深度以及光線效果與品質息息相關，也就是太陽光直接進入室內的照射範圍，在設計時大約深度為該空間高度的2到2.5倍，例如開窗2米高的玻璃窗的採光深度約為4至5米的深度視為有效的採光深度。

· 均勻度就是最小的照度與最大照度的比值，保持光環境的均勻，減少視力疲勞，住宅照明均勻度一般都在60%以上比較舒適。

· 住宅內的常用空間如客廳、臥室的牆面開窗面積與地面樓地板積比例需大於10%。開窗透明玻璃的可見光也要超過40%透光率。

· 照度是每一單位面積所受到的光通量，以勒克斯（Lux）單位來表示。

2.日本JIS對住宅室內空間基本照度參考

書房	500 Lux
臥室、起居室	200 Lux
客廳	100 Lux
浴室	50 Lux（鏡前150Lux）
玄關	20 Lux
樓梯間	150 Lux
廚房	150 Lux（工作檯300Lux）

案例實證—李院健康住宅
創造自然健康光環境

打造舒適光環境

■依據日照條件設計各個建築立面

該住宅根據日照角度差異來規劃外牆開窗及遮陽，以確保室內使用者可以獲取足夠的自然日光照射量，各立面外牆玻璃窗配合太陽日照軌跡設計，北向空間沒有直接太陽日射光，以露樑為遮光兼防滴水即可，開景觀窗戶以利自然光線射入，依照規定建築須與相鄰北向既有高樓留設足夠鄰棟距離（圖1），保持冬日1小時以上「日照權」，東向餐廳窗戶早上日照角度較低，以開窗深陽台及樓梯間進口做為遮陽中介空間（圖2），南向外牆整天接受陽光日照，設計深陽台遮陽（圖3），住宅各房間設置採光窗戶或開口面積都大於該樓地板面積八分之一，每個房間都具有合宜自然晝光及人工照明安排。

■依日夜不同活動性質規劃室內分區照明

該住宅將日間上午6時至18時活動空間與夜間休息空間之光線照度作分區照明並分別控制，使不同時區照度不會互相干擾，穩定日、夜「生理時鐘」的空間照度的正常變化，以提高夜間睡眠品質並節約長期電費（圖4）。

（圖1）北向開景觀窗

（圖2）東向開窗深陽台

（圖3）南向深陽台遮陽立面

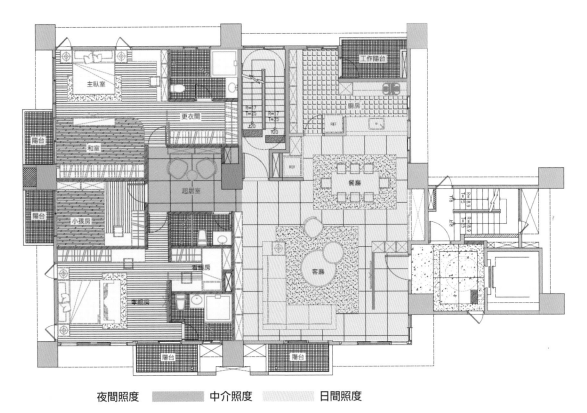

夜間照度 ▨▨▨ 中介照度 ▨▨▨ 日間照度

（圖4）日間與夜間照度分區

第三節
控制溫濕營造舒適室內環境

我們人體是一個生物有機體隨時都在進行氧化與還原，以產生能量及消耗能量，導致身體產生熱能又能釋放熱能，使人體跟外界環境達到一種「熱的平衡」狀態而感覺健康舒適。在秋冬的時候我們人體散熱量比較低，但夏天就需要大量的散熱，如果空間設計對人體散熱及排濕氣的需求處理不好常常容易生病。人體生理感到舒適的環境是有許多種因素造成的，例如有氣溫、濕度、氣流以及周圍牆壁溫度等。所以住宅設計需依台灣氣候特性規劃適當濕熱環境。

台灣屬於亞熱帶地理位置的溫熱氣候特性，住宅為追求舒適感，在夏天需大量使用機械化空調設備或自然通風減溫、減濕使身體感到舒適。據統計台灣住宅常年平均主要耗電量約有42%是用在夏天的冷氣上，約40%的總電量在室內人工照明上，這兩項是住宅耗電主要項目，是健康好宅的溫熱環境設計技術所必須涵蓋的內容。創造舒適溫熱環境幫助使用者保持健康不易生病是本書主要發表目的，本書作者以多年建築設計專業經驗以及使用者健康保健的角度，列出許多住宅最常見室內溫熱問題以及解決方法供消費者參考使用。

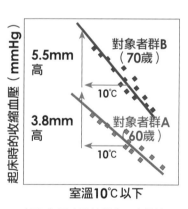

（圖1）日本建築學會研究數據

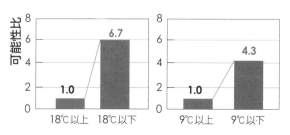

（圖2）日本Keio大學與Ando Lab.Kitakyushu大學研究數據

空間溫濕度與健康的關係

依據研究統計，一般氣候溫暖的國家往往冬季發生的病變或死亡率較高，譬如台灣、歐洲、日本等都有類似的現象。冬天的室內氣溫變化以及夜間活動時感受室內變化的溫度，常常會引發心肌梗塞、腦血栓（中風）、肺癌、關節炎及支氣管炎等現象最普遍。依據日本2014年厚生省研究統計，日本國土地形狹長，最南方為北緯25度，（台灣位於北緯21～23度，跨越溫帶及亞熱帶地區），統計發現較溫熱地區如保溫、隔熱優良的住宅，冬季死亡率可由17.5%降低到15%。冬季發病時間大約集中在在清晨0時到6時之間，以60歲以上高齡者觀察，據日本建築學會環境系論文集統計，冬季室溫10度C以下時，起床時血壓往往會隨室溫降低每度C反而上升約3.8 mm。以70歲高齡居住者為例，溫度下降每度C、血壓上升約5.5 mm（圖1）；依據日本Keio大學與Ando Lab.Kitakyushu大學長時間的調查分析顯示，如保溫、隔熱差，低於18度C以下的住宅，往往居住者10年後患高血壓發病率比其他保溫、隔熱良好的住宅高約6.7倍（圖2）；保溫隔熱差低於9度C的住宅，4年後發病

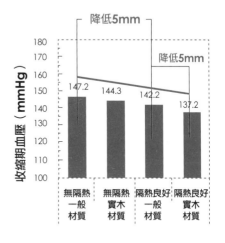

（圖3）日本Keio大學研究數據

率較保溫隔熱良好住宅高4.3倍。另外日本Keio大學以平均56歲男性使用者作研究，發現室內裝潢如為良好隔熱一般材質，在室內停留60分鐘後測定血壓，與無隔熱一般材質相比，血壓可以下降5mm左右，如果室內使用實木，血壓可再降5mm（圖3）。使用大量木質裝修材料的空間，熟睡時間比一般非木質材料裝修空間增加許多，而且白天工作效率也會因木質裝修材料而提高。長時間來看，良好隔熱以及木質材料裝潢可以減少居住者疲勞感，從整體國家節能減碳及社會醫療養護費用來說也可大量減少。冬季好發的病變發生在高齡者比率較高，因此更應該注意住宅溫熱環境條件。

濕氣是亞熱帶台灣影響健康很大因素之一，住宅空間濕氣對身體來說中醫稱之為「外濕」。在這種外濕環境住久了以後，濕氣會進入身體轉化為「內濕」，中醫稱之為濕邪或熱邪，如不即時處理排除，短時間內會產生胃腸腹脹感，大便無法成條狀，如常伴隨輕微發燒，則表示濕體內有發炎情狀，當濕邪會走串全身引發發炎導致週身疼痛，如長時間未處理更會影響肝功能，再引起肝發炎，甚而久之演變成肝癌。

健康影響與設計對策

狀況1：

熱滯留效應使得住宅日夜都濕熱，台灣屬於亞熱帶氣候，地理位置約北緯23度，所有的住宅包括公寓住宅、獨棟住宅、連棟住宅、透天住宅或民宿等大多使用鋼筋混凝土作為材料，鋼筋混凝土的特性是夏日白天會吸收太陽日照的熱能，經過物理作用的「熱滯留效應」，晚上散熱到室內久久不退。南向空間從早到晚接受直接日照、西向下午的日照以及東向早上的日照，使住宅從早到下午受三個方向熱輻射，使得室內天、地、壁空間變成「溫室空間」讓人非常不舒服。晚上三面牆壁住宅室內熱氣到天亮仍未完全退去，以「熱輻射」方式再將滯留熱能慢慢釋放出來，至少需要八小時以後才慢慢散去，直到清晨又開始接受日曬，如此周而復始使得夏天住宅空間日夜都熱非常不舒適，影響晚上睡眠品質，長期如此會嚴重影響健康。因此台灣房屋白天南向或西向受熱負荷最大，需要大量空調機排除熱氣，造成外牆經常掛滿空調室外機，將熱氣吹向公共道路或鄰房，更惡化都市熱島效應問題，還形成普遍都市醜陋景觀之原因（圖4），設計使用時需要特別注意以維持都市景觀。

→對策：

（1）在選購或裝潢住宅的時候，要注意頂樓以及南向、東向、西向的外牆建築立面，避免設置大面玻璃窗引入日曬增加室內溫度，南向房間如果樓上有深陽台作為遮陽就比較好，東向、西向外

（圖4）掛滿空調室外機的街道景觀

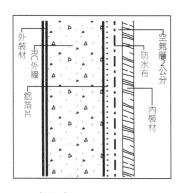

（圖5）RC複層外牆大樣

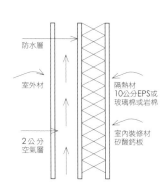

（圖6）木構複層外牆大樣

（圖7）木構複層外牆完工照片（小林邦昭提供）

牆因為太陽光入射角度低，有比較深的陽台遮陽外，還要有垂直的遮陽設計較妥。浴廁位置較適合安排在南方空間比較溫暖，如果浴廁必須設置在北方，則需注意通氣窗戶位置及高度避免北風直接吹到身體。

（2）設計及施作RC外牆採用複層牆壁方式隔熱，或牆中加裝隔熱防濕材料，可降低室內外熱傳透率至少到1.9W/K平方公尺（圖5），外牆的室內裝修面全部鋪設隔熱、保溫、防潮層空氣層，可使房間滯留輻射熱平均輻射到房間各角落，讓室內空間溫度保持均勻，住宅內依相同構造原理可用在木構房屋大樣如（圖6）及完工照片（圖7），可用在別墅或透天厝等住宅。分配房間位置須配合建築外牆方位，台灣建築南面外牆日曬吸熱比較多，晚上散

熱也較久比較溫暖，適用於高齡者臥房、嬰兒房或是曬衣服、工作陽台等符合其溫暖特性。

（3）屋頂隔熱為亞熱帶地區住宅節能很有效方法，據估計建築外殼受熱以屋頂最為嚴重，約占住宅總熱得（heat gain）的40%，屋頂隔熱方式很多如屋頂加設隔熱層或是綠化如屋頂植栽方式如（圖8）、屋頂種菜如（圖9）。

（圖8）屋頂植栽

（圖9）屋頂種菜

（4）先通風後空調方式舒適又省電，回家先啟動通風系統再開啟空調冷氣，使房間逐漸減溫有益身體逐漸適應溫度變化又省電。如能結合智慧化資訊整合系統更佳，回家前半小時先使用智慧型手機設定，預先使用通風系統將熱滯留的熱氣從室內預先排到室外，抵達家時再打開冷氣，如此在進門的時候室內空氣溫度逐漸降低比較舒服，又可避免溫度驟變而感冒，還能減少冷氣壓縮機開啟時段的耗電時間，並且節約住宅冷氣用電量，整個暑假下來可以節約很多電費之外，又能紓解夏季尖峰用電量。

需要配合流動空氣使人體產生的熱量可以蒸發而感到舒適。一般舒適環境需要氣流約在每一秒鐘50公分速率氣流較妥當，夏天時需要風速大一點。

現代理想住宅空間氣流通風環境，除了儲藏室之外，所有室內空間面積應可獨立調整通風氣流的風速大小。通風設計上，住宅空間可採用機械通風與開窗自然通風的混合模式。臥室晚間睡覺時須注意避免風向及風量直接吹向身體或頭部導致風寒，臥室床頭上方避免開窗（圖10），對高齡者來說尤其重要。

狀況2：
冬天地暖系統需配合通風
→對策：

冬天住宅房間可以結合熱輻射系統與獨立供應暖氣送風系統互相配合最理想。地板裝置熱輻射供暖系統的原理源自中國北方遊牧民族的蒙古包，包內的地面挖迴路通道埋於地下充當熱輻射的盤管，藉由地下迴路通道內熱煙流動的熱輻射到地表面當床面之用，現代化住宅使用同理製作地面、牆壁的電力供暖系統，選擇時須注意電流輻射的檢驗值，不得傷害身體。當室內利用輻射熱供應冷暖氣時，還

（圖10）臥室床頭開窗易導致風寒

狀況3：
選用適當又環保的空調機種
→對策：

安裝冷暖系統時，要考慮送風範圍與身體活動範圍及高度，可使身體感覺舒適為主。選用冷氣送風範圍，安裝及使用冷氣時，要注意冷風在室內流動方式及範圍，如可引導送風氣流避免直吹身體，使用冷暖氣時，注意冷氣運轉時將葉片控制向上擺動（圖11），在暖房運轉時將葉片控制向下擺動（圖12），冷暖吹送平均到空間各角落，還要能獨立分開控制供應熱、冷空氣，達到「個體化」溫熱舒適環境（圖13）。台灣因為高濕度讓人體不舒適，建議採用冷房與除濕雙控功能兼顧環保的R32冷媒冷氣機，R32新世代冷媒可大幅降低二氧化碳排放，也不會破壞臭氧層顧及社會責任，空調能源效率可再提高10%，降低尖峰耗電量，有助減緩電力公司在夏季尖峰用電期間基本契約用電量的需求。

（圖13）冷房送風示意圖

狀況4：

室內、外溫差變化經常是感冒或中暑的重要原因，台灣夏天從住宅室外高溫環境皮膚流汗的時候，皮膚上的落塵以及汽車排氣等懸浮微粒子附著於皮膚，當突然進入室內低溫環境的時候，皮膚角質層的扁平細胞及毛細孔會快速收縮以保存身體熱能，導致汗腺及毛囊堵塞，使黴菌滋生而產生發炎發癢現象，最近在台灣因此得黴菌性皮膚炎及皮膚敏感的情況越來越多。

→對策：

住宅空間室外與室內入口處設有溫度調節功能的中介門廳空間如公寓住宅的大廳（大公）、樓層電梯、樓梯的等候防火區劃空間（小公）以及住宅進口的玄關空間等。中介空間功能很多，其中重要的是具有隔熱及保溫以及隔離空氣汙染阻止病毒傳入室內的功能。有了中介空間調節室內及室外溫度，進入住宅可以漸進式的感受降溫，讓皮膚細胞

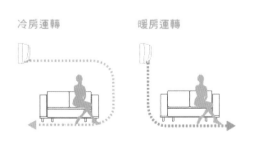

（圖11）冷氣運轉示意圖　　（圖12）暖氣運轉示意圖

不致於快速收縮導致汗腺及毛囊堵塞而產生過敏。玄關空間最好設有氣密大門做區隔，具隔熱效果更佳。住宅內部使用時間較短的空間或不需要供應冷、暖氣的外圍空間如儲藏室、陽台、走廊等都具有中介空間功能，它使室外與室內常用空間的溫差具隔熱效果，據研究保持陽台不外推當成中介空間使用，長期來看可以節約50%冷暖氣電費，若在陽台加上植栽可使水分由根部到葉片光合作用散熱，有降溫效果。

狀況5：
台灣住宅濕度過高會影響人體散熱的功能，約60％相對濕度最適合人體舒適，全台灣年平均濕度約在80％左右，使細菌病毒等蔓延引發香港腳、皮膚炎及呼吸系統疾病，另長期潮濕會使住宅內化學毒物加速釋放汙染空氣物質量。

→對策：

（1）使用多孔質濕氣容量大的建材，包括天、地、壁裝修表面選材，室內空氣產生濕氣的原因，除了室外的溫度、濕度及室內的熱氣、水蒸氣產生外，建築室內材料的熱及濕產生的逸散也是主要原因，所以在裝潢的時候要盡量使用調濕性的建材，控制室內

透濕係來提升室內環境品質，例如木質表面材料或實木材質最為常見裝修材（圖14），調濕性因素是透濕係數及透濕抵抗係數等，大多是具有許多毛細孔或多孔質濕氣容量大的建材。此種材料在安裝以後，可以隨著環境濕度及溫度而變化，對水蒸氣的吸附與脫附，有如呼吸一般進行濕氣的吸收及排放之現象，稱為多孔質材料，換句話說，在室內濕度高時吸收空氣中的水蒸氣，而濕度低時放出水蒸氣，來減少室內濕度變動的範圍，改善濕氣環境的誘導性控制方法，減少室內濕度的變化幅度，如用真正檜木材質做裝潢或傢具，具產生芬多精可滅殺空氣中細菌、鎮定心神的效果，除有效改善室內濕氣以外，還能改良睡眠狀態穩定、神經狀態穩定，增進身體健康（圖15-16）。

（2）假使調濕性的建材使用後濕度仍然過高的話，再使用機械除濕可以節約電能。機械式除濕機擺放位置也要選擇溫度較低的或較需要的空間，因為室內的相對濕度與氣溫變化成相反，譬如氣溫最低的空間相對濕度較高，氣溫較高的白天午後相對濕度較低，所以北方較冷的臥室或客廳更需要除濕機，一般朝南或朝西邊的房

（圖15）檜木室裝潢傢具

（圖14）調濕性木質材料

（圖16）檜木浴室裝潢

去除體內濕氣的食療方式

症狀：內濕引發全身肌肉痠痛、腹脹、發燒、塘泄等主要症狀。

治療：治療方式是服用稱為中藥「藿香正氣散」，其成分以藿香為主，配以白求、茯苓、紫菜、白芷、桔梗等治療內傷濕滯及外感風寒之証。

食療：在臨床中醫學論述物外濕會引起身體水、濕、痰、飲等內濕稱之為陰邪或熱邪，陰邪的性質及生病演化過程順序為「濕聚為水、積水成飲、飲聚成痰」稠濁者為痰，清稀者為飲，更清者為水，在轉化為氣態，四種樣態可互相轉化呈現病症，稱為「痰飲」、「痰濕」、「水飲」、「濕飲」等，痰飲會使水液不得輸化，或停留體內發生病症，尤其會造成呼吸系統功能受阻產生意外，痰與飲都是津液代謝障礙所產生病理產物，須設法排除。

身體排除方式可將其由痰飲逆轉成濕飲行走到排出濕氣到體外。可用適當清熱解毒或去咳化痰食物作為調養，例如：蘿蔔性涼，其中芥子油具止咳化痰效果，但不宜與參類同服、白蘿蔔葉助消化理氣可去火生津、山萵苣可消腫清熱解毒利尿通便之效、蘆筍可清熱生津利尿潤肺功效、芹菜平肝降壓清熱解毒利尿功效、綠豆清熱解毒除濕利尿功效、薏仁微寒健脾益胃去風勝濕等。

（林松洲，各種疾病的自然療法）

間下午溫暖，濕度較低，視需要使用情形擺設除濕機。使用除濕機時同時又開冷氣常會使濕度降太快導致乾眼症狀很明顯，尤其是高齡者或是做過白內障手術者要注意夏天睡覺時臥室的濕度控制不宜太快太低。整棟住宅保溫隔熱功能好的話可以減少室內除濕的時間，室內相對濕度建議維持在50%～60%之間較舒適有助健康，高齡者房間保持度50～55%最佳。

狀況6：
妥善利用室內空間溫度不均特性的設計，室內的氣溫並不是每一個角落都一樣的，房間不同溫度除了根據建築物的隔熱好壞外，還有位於哪個方位外牆的房間受日照較多而不同。台灣地理環境來說，住宅朝西方及朝南方的房間因為日曬較久，到下午時會較炎熱。假使住宅設計裝潢時，將整棟住宅各個房間一律採用相同冷暖氣又統一開關系統，既浪費電能，使各種不同活動無法獲得應有舒適環境條件。

→對策：
（1）空間分區設計分別供應冷、暖氣的系統，滿足住宅內不同活動對溫度需求，如客廳、餐廳、廚房等公共空間與臥室、衛浴、更衣等夜間休息空間分別設置供應冷、暖氣系統並獨立控制（圖17），如此安排既省電又舒適，既節約電能又可滿足個人舒適差異。

（2）空間配置規劃將住宅內不同溫度需求活動的空間配合室內不同溫熱位置，將夜間活動需求溫度較高空間如臥室、衛浴、更衣等分配在較熱的南方或西方房間，將白天活動需求溫度較低空間如客廳、餐廳、廚房等分配在其他方位空間。

（3）分別控制冷暖氣系統，依照住宅內不同活動的溫度需求分別控制，可讓住宅內不同活動功能的使用者都感到舒適，譬如臥室在夜間睡眠身體毛細孔張開需要較溫暖環境，客廳、廚房活動可以相對較低溫度，分別控制還可以節約長期使用電費。

狀況7：
考慮個別差異需求，滿足個人溫熱舒適偏好及需求。

→對策：
瞭解使用者舒適差異度而調整溫熱條件並分別控制。如高齡者或是生病殘障者是畏懼寒冷及害怕風寒，可配置在西方或南方較溫暖房間（圖18），溫度宜維持在攝氏25度左右，濕度保持在50度至55度，熱舒適感受具有很大的個別差

異性，有人較怕冷，有人較怕熱，每個
人的舒適度體驗都會不相同，對不同使
用性質的房間或是不同使用者需求應設
計不同舒適溫度範圍並分開控制為宜，
不能一概而論。

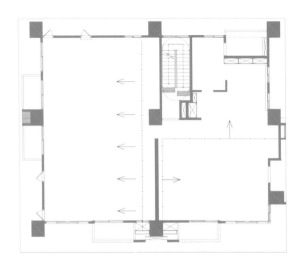

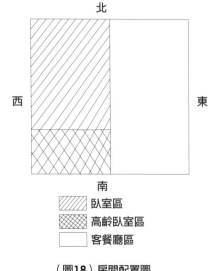

----- 夜間空調冷暖系統 ----- 日間空調冷暖系統

（圖17）日夜間獨立冷暖氣流示意圖

北

西　　　　　　　　　　　　東

南

▨ 臥室區
▧ 高齡臥室區
□ 客餐廳區

（圖18）房間配置圖

標準及規定

室內舒適環境的範圍在溫度上，大約在攝氏17度到攝氏25度之間，相對濕度在50%～
70%之間，需要看個人體質及身體狀況而定，室內氣流在每一秒鐘0.5公尺左右的條
件，高齡者或療病者房間室內最好保持攝氏25度左右，相對濕度保持50%～55%之間
最妥適，此範圍不是一個絕對值，經過長時研究以不同人種所做實驗得到歸納結果，供
一般居住者或設計師參考。

案例實證─李院健康住宅
控制溫濕營造舒適室內環境

建築外殼設計

■需考量外部環境如基地條件、物理環境及市容美觀

該住宅設計露樑結構，已經具備基本遮陽及避雨功能之外，建築各向立面分別考慮不同開窗面積及遮陽方式，以符合各向外牆不同的日照條件，西北面未受直接日照可開較大面積窗戶（圖1），與既有高樓之間留設足夠鄰棟距離，使冬至日至少有一小時以上有效日照，以維護居住者日照權。東北向配置以樓梯及電梯門廳防火區劃空間兼作隔熱中介空間，西南向建築立面因夏天日照時間長又熱，且日照入射角低，特別設置深陽台（圖2），建築東南向及西南向面臨道路呈現角地基地，以雙正面建築設計。東南向日照時間長受熱量大且集結空調室外機，設置熱浮力通風塔收納所有空調室外機。（陳宗鵠等，2020）

台灣建築南向外牆常掛滿空調室外機，影響都市景觀甚鉅，該東南向建築立面設置熱浮力通風塔收納所有空調室外機如平面圖及大樣圖（圖3），使東南向建築外觀都不出現任何室外機（圖4），創造都市建築整體美觀。

（圖1）西北立面

（圖2）西向立面

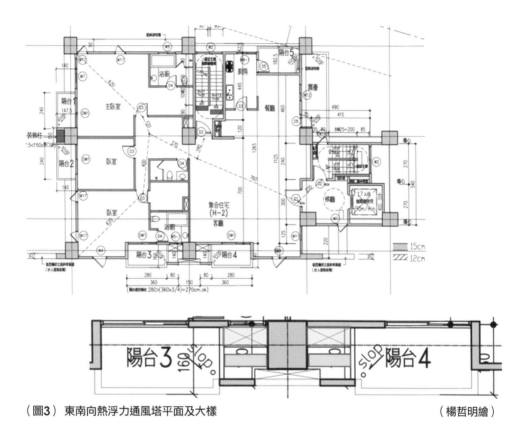

（圖3） 東南向熱浮力通風塔平面及大樣 　　　　　　　　　　　　（楊哲明繪）

（圖4） 東南向建築立面

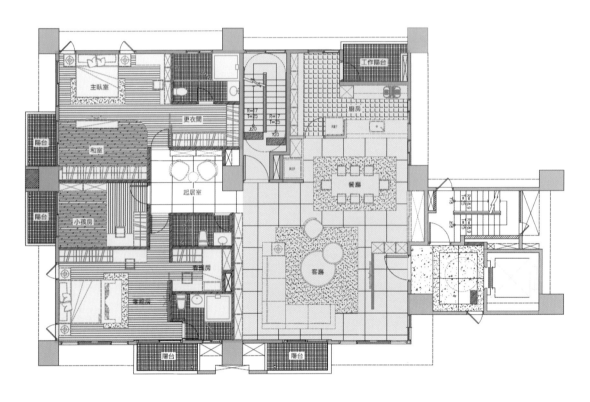

夜間活動區　　　日間活動區

（圖5）日夜不同活動使用分區。

■分區規劃紓解夏季「熱滯留效應」問題

台灣住宅室內溫度不均問題嚴重，由於西向及南向的外牆接受日照較長，房間下午以後比較熱；又因使用混凝土材料吸熱後產生「熱滯留效應」造成住宅「溫室空間」，夏天特別不舒適，室內需使用大量冷氣以及有效通風解決室內過熱問題，為追求有效經濟利用冷暖氣能源以及滿足不同活動的溫熱舒適需求，室內空間使用時數不同，活動性質不同的空間作分區設計，該住宅將各樓層客餐廳廚房之日間公共活動空間與臥室浴廁之夜間睡眠休息空間之冷暖空調系統作分區並分別控制溫濕度，以滿足各區不同舒適溫度之需求（圖5）。

■解套住宅本身產生的空調廢氣

住宅設計需考慮有效排除冷暖空調機所產生汙染廢氣，本身產生汙染廢氣需在自己基地內解決，避免廢氣汙染鄰房及周圍道路，以維護公共環境的社會責任。

（1）熱浮力通風管道間設置

該住宅特別將日夜兩區冷暖氣系統之室外壓縮機分別收納在東南向立面熱浮力通風管道間（Thermal Chimney）內、剖面如（圖6），將產生汙染熱氣依

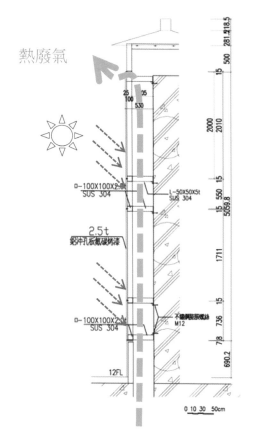

（圖6）東南向通風管道間剖面

（圖7）屋頂的金屬包覆板

「熱層效應」自然上升排出屋外，屋頂通風塔上部設計金屬包覆板受日照使塔內空氣加熱，加強拉拔塔內熱氣經由熱煙囪頂端排出（圖7），使建築整體不見雜亂的空調室外機附掛物，讓市容更加美觀。

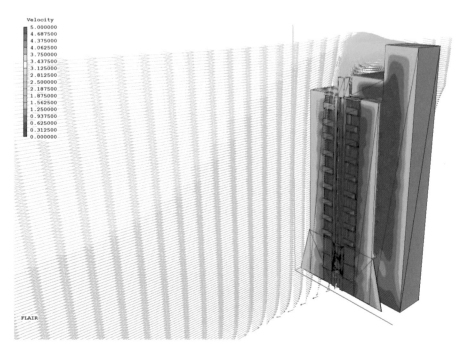

（圖8）金屬包覆產生明顯煙囪效應

（2）透過軟體預先模擬熱浮力通風塔之可行性及可信度

該住宅的熱浮力通風塔設計階段時即採用英國Phoenix軟體的精密模擬，疊代計算流體力學（Computing Flow Dynamics，CFD），執行塔內熱空氣流體流動模擬，假設在正面風向風速2.2 m/s及氣溫28℃的狀態下，模擬推昇熱空氣上竄效應，各層分離式空調主機交換室內排熱預設模擬溫度40℃之熱源，當屋頂金屬包覆管道受陽光加熱至50℃時，產生明顯的煙囪效應（圖8），根據風矢流跡圖顯示，建築物上層部分有明顯的帶動上升氣流流動（圖9），建築物入射28℃風溫度，經由空調主機與屋頂金屬包覆管道拉拔溫差風流影響，產生約36℃出射風溫度由屋頂管道口排出（圖10），建築物高層部分根據溫度流跡圖顯示該設計具有拉拔風流動之效益（圖11）。綜合分析以可視化建築的外部環境風速場與溫度場變化方向、物理數值，確認此溫熱環境設計方式及技術要點可行性及可信度。（Wang，WenAn,2017）

（圖9）熱氣流上升

（圖10）屋頂管道排出溫度模擬

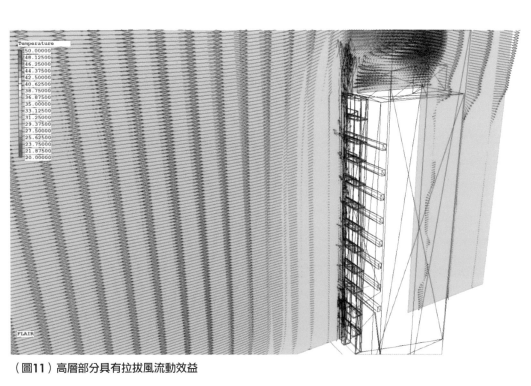

（圖11）高層部分具有拉拔風流動效益

第四節
創造舒適的聲音環境

萬物藉由音頻震動互相影響，著名聲學家Jonathan Goldman指出：萬物皆是振動狀態，也來自震動，無論有生命的身體和無生命的物質都具有頻率，旋律以及節奏，無時無刻都在震動，從微小原子中電子繞著核子運轉，到宇宙銀河系中星球的運轉，皆處於有聲音的頻率震動，創造回轉模式，創造光明與黑暗，還設置這個音環境給生命去適應這個節奏和旋律運動範圍。這節奏及旋律的頻率以不同方式，無時無刻影響我們的身心健康，也能夠以共振的方式促進身體健康。

物理上噪音傳遞介質分為空氣音、衝擊音、震動音等，液體及固體的分子排列較緊密，因此傳遞聲音的速度在空氣中會比在固體慢，空氣中聲速每秒343公尺，固體如松木中聲速每秒3,320公尺。空氣音發生如住宅公寓樓下小狗叫聲的噪音，衝擊音有如公寓樓上高跟鞋走路產生地板衝擊噪音，震動音例如冷氣壓縮機或冰箱馬達產生出來的連續性低頻噪音（圖1），人可以聽見20Hz週期／秒到20,000Hz週期／秒之間的聲音，小孩子可以聽到的範圍比較寬，但是到了60歲以後可能只能聽見12,000Hz週期／秒以下的

（圖1）左：空氣音，中：衝擊音，右：震動音

聲音，所以高齡者聽力較差，在規劃空間音響設備時須注意使用者差異性。

長時間處於噪音環境下的影響

近幾年研究確認，讓人不舒服的噪音會以多種不同方式破壞人們的健康。這些外部噪音會形成睡眠障礙、影響血壓和

學齡兒童思考能力。研究發現夜間道路及空中交通噪音，會增加男性及女性心肌梗塞的風險。瑞典研究噪音可能導致肥胖，建議減重者選擇安靜環境。中央社報導斯德哥爾摩的卡洛林斯卡研究所（Karolinska Institute），自1999年起調查5,075名居民他們居家環境的噪音情形，據報導中的分析，平均交通噪音提高5分貝，受試者腰圍增加0.2公分，也就是噪音提高25分貝時，受試者的腰圍可能將比處於45分貝的受試者腰圍要多出1公分。因交通噪音導致睡眠被剝奪，人體皮質醇分泌會增加，免疫系統受到抑制，長期下來會累積壓力，體重因此而增加。因此住宅應設法創造較安靜的環境，可降低壓力的產生。

讓生活環境充滿正能量音波

「音樂就像水流」，能夠改變身體的空間的能量，常聽正向美妙音樂，減少吵雜紛亂電視節目負面聲音，説好話、想好事，培養心情安靜，都能促進健康。經由實驗證明，美妙正能量的聲音會讓細胞呈現神聖幾何圖形，現在科學家藉由影像處理，可以看到音波震動或介質產生的幾何圖形，圖形呈現對稱多彩的樣貌，也就是自古所用的神聖幾何圖形。

「Making Music visible：What is Cymatics？」攝影師Linden Gledhill，EricLarson利用水與光這兩種媒介，證實以不同頻率，將正能量聲波創造出對稱、均勻美麗曼陀羅圖形，激發身體細胞共振以促進健康（圖2-3）。

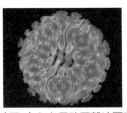

（圖2）紅色曼陀羅聲波圖形

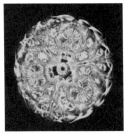

（圖3）綠色曼陀羅聲波圖形

（圖4）負能量聲波圖形

人的身體有70％是水所構成，我們可以聯想到音聲對我們體內水分的影響，以音聲頻率為媒介，接收「正面訊息」，身體五臟六腑產生和諧共振，就會產生好的能量。此外，日本的江本勝博士，運用「水」來讀取音樂訊息得知美妙音樂可產生美麗的結晶，反之若讀取的是負能量吵鬧怒罵或詛咒的聲音，則會呈現破碎、不完整凹凸不平的醜陋圖形（圖4），這種不同圖形小分子水直接影響我們身體健康。

健康影響及設計策略

狀況1：低頻噪音干擾住宅環境問題日常生活越來越嚴重，通常是由住宅使用的機械所發生出來的頻率，例如冷氣壓縮機、冰箱、抽風機馬達、送水機、冷卻水塔、空調機以及面臨馬路車輛行走的聲音等所發出低頻噪音，它會讓人心神不寧，憂鬱，煩惱甚至婦女不孕的問題。據研究指出波長較長的低平噪音影響身體較大身體器官如心臟、肺臟等。頻率越高噪音影響身體耳朵、耳膜等器官。這類低頻聲音往往生活中都不容易注意到，但是仔細聽又有綿綿不斷連續噪音干擾，正默默地影響著我們的聽力及健康。

→策略：

通常人的耳朵可聽到的音頻範圍在20赫茲（Hz）到20,000赫茲之間，而低頻噪音通常是指20赫茲到200赫茲範圍以內的噪音，也是環保署管制範圍。降低低頻噪音在原理上是以移除噪音源或裝設消音器隔離音源為上策，其次是在傳播路徑上的樓板或牆壁來作被動控制。傳統的作法是加厚樓板、牆壁或加上空氣層等方式，但相對的會減少室內面積又造成額外花費不貲並不實際。現在較新研究如何以相反音波的方式消除低頻噪音音源來解決。

狀況2：戶外噪音

戶外交通噪音如交通車輛、緊急救護車噪音等，久了往往會導致心血管系統疾病、糖尿病、高血壓及抑鬱症等併發症。兒童接觸長期飛機雜訊也會損害閱讀理解、聽力。據研究瞭解，長期接觸噪音會增加壓力，產生疲勞及跟身體肥胖增重有關。

→策略：

（1）購屋時避免選擇面臨交通繁忙道路的住宅，路邊除了吵雜聲音會讓人煩躁以外，道路伸縮縫會產生重複性隱隱的低頻與環境共鳴噪音，長期將導致精神不寧、頭疼及憂鬱現象，所以購屋選址一定要注意噪音環境。

（2）想要隔絕室外或隔壁的噪音，在住宅大門、窗戶及其他開口安裝隔音門、窗。住宅大門設置玄關並安裝兩扇大門會使室內隔音更佳，外牆門窗開口部位採用至少10公厘厚的玻璃較佳，如使用膠合玻璃或雙層隔音玻璃（圖5），四周膠材以氣密填縫處理，可以減低40分貝噪音量。周邊氣密封條以吋為單位優良材質，如汽車窗戶周邊膠材品質使用生命週期與窗戶等同，窗框使用不鏽鋼材質，不宜使用鍍鋅鐵質門

（表一）噪音類型、解決方式及解決難易度

噪音類型	解決方式	解決難易度
空氣噪音	在牆面或地板使用隔音牆或吸音方式	相對容易
衝擊噪音	阻隔物體導體方式如隔音樓板	相對較難
震動噪音	墊片阻隔震動音產生音源，或測出震動音的頻率波長，再製造出相反的波幅來抵消它	相對較難

（圖5）雙層窗

窗易生鏽，尤其是海邊住宅會腐濕崩壞可用不鏽鋼取代鋁門窗，窗戶下沿考慮承重構件，縫隙做好氣密的隔音處理，一般窗戶生命週期大約15年以下，如此處理的話窗戶使用時限可增加兩倍，更符合經濟效益。外牆隔音可在牆中增加隔音材質或是保有空氣層等方式，配合雙層隔音玻璃窗（圖5），會得到很好隔音效果。（如第一章第三節P69複層外牆大樣圖）

狀況3：室內噪音

室內噪音產生的介質包含空氣音、衝擊音、震動音。由空氣傳導影響鄰房居住者的生活的空氣噪音，樓上活動產生出來的衝擊噪音，還有最難處理如室內冰箱、冷氣機、機械、樓上、下或陽台外牆懸掛的冷氣壓縮機震動所產生的噪音，長期處在此種噪音之中會降低睡眠品質，抑制免疫系統，進而影響健康。

→策略：

解決噪音問題有遠離音源、降低音源、隔絕噪音及過濾吸收噪音等方式。處理噪音問題必須依照其物理特性分別解決，基本上空氣噪音可在牆面或地板使用隔音牆或吸音方式解決，衝擊噪音可用阻隔物體導體方式如隔音樓板方式解決，但是震動音處理上比較複雜，可以用頻率的物理特性解決，原理是先測出震動音的頻率波長，再製造出相反的波幅來抵消它。或是最簡單的用墊片阻隔震動音產生音源如空調壓縮機等，執行上需以全方位考量來解決室內空間音環境問題（表一）。

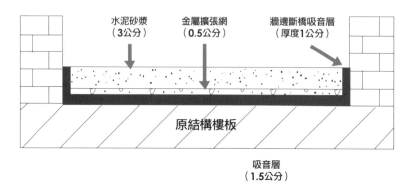

水泥砂漿（3公分）　　金屬擴張網（0.5公分）　　牆邊斷橋吸音層（厚度1公分）

原結構樓板

吸音層（1.5公分）

（圖6）衝擊隔音樓板設計說明

常見住宅室內空氣音及衝擊音解決方式，說明如下：

（1）空氣音方面：

房間之分間牆（隔牆）頂到樓板，否則隔壁房間噪音會透過天花板與樓板與樓板空間傳到房間，基本上住宅房間之分間牆及門窗隔音噪音需小於STC-30，分間牆防音構造細節，可詳建築技術規則施工篇第46條有詳細規定。此外生活上還可以另一聲音遮蓋空氣噪音，如愉悦音樂均勻撥放成為背景音；或使用另外聲音掩蔽噪音，就如使用馬桶沖水聲音遮掩排泄噪音等方式，降低噪音帶來不適感。

（2）衝擊音方面：

・新建築

新建築的樓板可選用新型防衝撞隔音、抗壓材質雙構板樓板，以降低樓上、下衝擊音，合乎110年1月1日實施的「建築技術規則施工篇」第46條如第六款第七項規定，至少可減低17分貝以上，其構造細節為樓板與裝修材水泥砂漿之間加上一層抗壓金屬網及吸音材，無毒性、可回收可供新建築毛胚屋隔音地板使用（圖6）。改善一般橡膠墊隔音構造遇到熱漲冷縮地板容易龜裂的不良現象。新型防衝撞隔音、抗壓材質樓板可有效降低22 db以上。

・既有建築

既有建築改善衝擊音方法可用在地板材質加上一層高密度靜音墊，無毒塑膠純料，零甲醛、無塑化劑、無八大重金屬殘留，防水、防滑、一級防的隔音材，耐衝擊、耐磨、防潮、無揮發性有機化

合物釋放等條件施作完成案例（圖7）。

（3）震動噪音方面：

住宅冷氣房的壓縮機產生噪音可能比沒有冷氣房間多出15分貝震動噪音，壓縮機常發出持續低頻噪音非常惱人，最有效的方法是降低噪音源或移除噪音源。另外可使用反波頻原理，抵消已經產生的低頻噪音（圖8）。市場有用此原理出產「主動去除噪音耳機」等生活用品，使用耳機聽音樂時同時利用相反波頻原理，可去除外界雜音留下想聽的音頻內容，目前應用甚廣，如傳播主持專業耳機（圖9）。

常見住宅震動音問題例如室內發出低頻噪音的電器產品可從布局擺設上降低噪音強度，如冰箱位置避免朝向較大空曠空間放置，會使噪音放大效果（圖10）。臥室空間避免設計在建築管道間隔壁，管道間的汙廢水流噪音或各層相連抽風

馬達噪音，或是管道間屋頂抽風口排風扇噪音等，會在管道間裡面產生音頻共振的低頻噪音，默默妨礙睡眠而找不到原因，選擇或設計住宅時要特別注意。臥房佈置更不要將床頭安置頂到管道間牆壁，低頻噪音會以固體介質直接傳導到臥室甚至會傳導到床體，直接傷害腦部影響身體健康。

（圖7）高密度隔衝擊音靜音墊地板案例

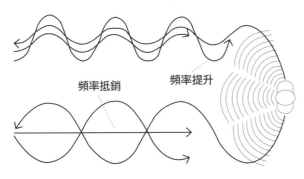

（圖8）相反的波頻來抵消噪音原理說明

（圖9）傳播主持專業耳機

（圖10）空曠空間格局會放大噪音

狀況4：住宅內日間與夜間的活動方式不同產生噪音互相干擾，如夜間休息睡眠的時候往往會受到客餐廳看電視的聲音、小朋友做功課讀書聲音，以及練習鋼琴、樂器聲音干擾；反之在客廳活動交談、聊天聲音，也不想干擾其他家人的睡眠，尤其是家庭中有高齡者的生活作息時間與其他家人不盡相同，或是孩童或嬰、幼兒的生活作息時間不一樣，因此不同家人不同作息的噪音往往會互相影響。

→對策：

室內作音環境分區規劃，依據住宅內日、夜不同活動將空間作分區，例如較吵雜區域的社交空間客廳、用餐討論、廚房、健身房、鋼琴練習室、娛樂室及浴廁等比較有噪聲區域與安靜區域包括睡眠休息，專注工作、靜坐、冥想，療養，學習及起居室的空間等不同聲音性質空間做分區規劃，並做不同程度隔音處理，使他們活動之間不會噪音互相干擾。

狀況5：住宅家裡地板、牆壁都是石英磚、花崗岩、大理石等高級建材，為何在家裡講話的時候，別人聽起來就是不清楚好像有回音。尤其是小朋友練習鋼琴的時候，回音干擾整棟住宅，顯得很吵雜不舒服。

→策略：

減低室內空間混響時間的設計方式，住宅地板如以硬質表面裝飾材料如花崗岩、大理石、石英磚或是大面積玻璃等材質，易造成聲音折射而產生重覆折射殘留聲音，使人不舒適的混響聲環境，住宅小空間內，過度混響時間及聲音反射能量有可能影響聽覺功能。

（圖11）牆壁掛畫減低聲音反射

其處理方法是在同一空間內，不要重複使用相同反射材料在天、地或相對牆壁，需將反射材料與吸音材料交互使用，例如地板表面鋪上硬質反射材料如拋光石英磚，大理石時，則天花板就可考慮安裝吸音材料。牆面也是相同道理，避免全部用硬質反射材料或全部音材料，室內如有一牆面鋪設硬質裝修材料如磁磚、玻璃、混凝土牆等反射聲音

牆體，相對的牆面表層就要使用吸音材料如壁紙、粗面木質裝修板等，如此聲音不會產生二次折射而產生聲音時差，避免讓人聽不清楚及感到不舒服。室內傢具材質是否吸音，也會影響音環境，如棉被、床褥、桌布或牆壁掛畫等可減低聲音反射（圖11），空間傢具亦可減低聲音反射（圖12），牆面掛畫及物件可減低聲音反射（圖13）。

（圖12）空間傢具減低聲音反射

（圖13）牆面掛畫及物件減低聲音重覆反射

 規定及標準

· 建築技術規則施工篇第 46-3條：住宅分間牆之空氣音隔音構造相關規定。
· 建築技術規則施工篇第 46-4條：住宅分戶牆之空氣音隔音構造相關規定。
· 建築技術規則施工篇第 46-6條住宅分戶樓板之衝擊音隔音構造相關規定。
· 經中央主管建築機關認可之表面材（含緩衝材），其樓板表面材衝擊音降低量指標△Lw在十七分貝以上，或取得內政部綠建材標章之高性能綠建材（隔音性）。
· 內政部營建署2016年修正「建築技術規則第 46-6 條」，要求建築隔音要達到58分貝，以此標準計算，15公分厚的鋼筋混凝土造樓板，鋪設的表面材可能需達到17分貝以上的隔音效果，或取得內政部綠建材標章之高性能綠建材（於2021年1月1日實施）。

案例實證—李院健康住宅
創造舒適的聲音環境

■室內外空間作噪音分區規劃

本住宅設計一層一戶，對外每戶四周
沒有與鄰居共用外牆產生噪音干擾問
題，每戶進出口設置玄關，外牆設置
氣密窗等（圖1），阻隔室外噪音。

（圖1）外牆設置氣密窗

住宅室內日間活動與夜間睡眠活動產
生噪音量不同，避免日間活動不致干
擾夜間睡眠休息。室內可將住宅不同
活動作聲音分區（圖2），使日、夜活動
聲音不致互相干擾。日間住宅客廳、
餐廳等公共空間活動噪音平均60 dBA
以下，夜間睡眠空間噪音平均50 dBA
等級限制。

 行政院環保署噪音管制區劃定作業準則

噪音等級dBA	住宅起居區域（白天）	住宅睡眠區域（夜間）
平均	60	50

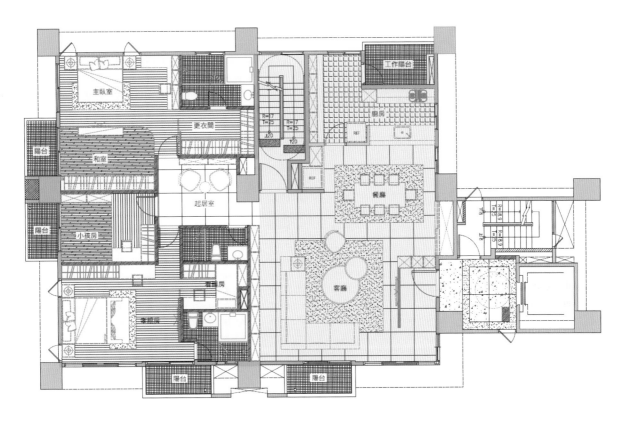

（圖2）住宅內日、夜活動噪音空間分區（　　為夜間噪音區　　為日間噪音區）

第五節
拒絕電磁波輻射環境

現代生活離不開家用電器產品、電子電訊等使用，其產生電磁波、空間配電盤及各空間電線插頭的佈線所產生電場波影響身體不可忽略。人體有70%是水，電磁波對水的作用與家用微波爐加熱食物的原理一樣，微波照射食物時，食物與水分起變化，食物溫度因此能在短時間內上升。同理假使人體長期受電磁波輻射，身體中的水分也容易產生變化，進而影響全身各部位五臟六腑的健康。

電磁波輻射對人體的影響

世界衛生組織（World Health Organization，WHO）已經認定，電磁波為2B級致癌因數，如在長時間使用電腦或接觸電場波之後，常會感到身體疲勞、眼睛疲倦、肩痛、頭痛、耳鳴、想睡、不安，這些生理反應都是身體受了電磁波及電場波的影響。它們還會使人的免疫機能下降、人體中的鈣質減少，嚴重會引致異常，如生產、流產、視覺障礙、腦腫瘤，阻礙細胞分裂如血癌、白血病，甚至會抑制褪黑激素干擾生理時鐘，易造成失眠等病狀。

（圖1）住宅配電箱

（圖2）配電箱前掛畫再使用

設計對策

狀況1：降低電磁波、電場波輻射傷害方法

→對策：

（1）室外遠離社區電磁波設施設備，購屋時避免住宅旁設有變電站與高壓輸配電系統、行動通基地的台、廣播、無線電視台發射器等。

（2）室內降低電磁波、電場波及電磁強波傷害，電磁波降低傷害要注意配電箱位置前不要使用，常見以書畫遮掩再使用（圖1-2），忘記配電箱的電磁波傷害很大；另要從家用電器著手如家用電器設備、電插頭、變電壓器、電扇、吹風機、吸塵器、檯燈、日光燈等選擇及使用（表一）。大部分的家用電器只要在30公分之外，其週遭的磁場強度就僅剩下規定極限值的百分之五十而已，保持距離為最有效方法，其中除微波爐建議保持1公尺經常距離較安全外，目前常用電腦螢幕與電視機螢幕兩者皆生成靜電場與變頻的交流電磁場，交流磁場（電力頻率）所造成的磁通量大致上都小於0.7微特斯拉對身體影響很小，使用時要保持距離螢幕至少30～50公分以上。

（表一）家用電器的電磁波強度

	吹風機	0.01-70微特斯拉
	日光燈	0.5-20微特斯拉
	微波爐	4-80微特斯拉
	電烤箱	0.15-0微特斯拉
	洗衣機	0.15-30微特斯拉
	洗碗機	0.6-30微特斯拉
	電腦	小於0.01微特斯拉
	電冰箱	0.01-0.25微特斯拉
	彩色電視	0.04-2微特斯拉

狀況2：電場波減低方式：

→對策：

住宅中從配電盤到各房間電插頭的電線配線與佈線以及使用延長線會產生電場波，經常近距離接觸也會影響身體健康，尤其是嬰兒或兒童經常在住宅地板活動或爬行，近距離接觸地板下的佈線時傷害身體更大，所以住宅電線佈線時須特別注位置應放在不易身體接觸地方，如牆邊踢腳板附近距離身體較遠（圖3），地板佈電線時避免用一般水電施工習慣，在房間地板中央如脊椎狀排列電線，將會導致整個房間底板充滿電場波，室內電插座安裝在牆角踢腳線上端之高度，較不會影響身體。

狀況3：電磁強波避免方式：

→對策：

如具有馬達線圈之電器用時會產生很強的電磁波，如電風扇、除濕機、吹風機等，另外電壓高的家電用品如冰箱、洗衣機、微波爐所產生的電磁波亦不低，而即使是其他發出低量電磁波電器，長時間接觸下來也仍會影響健康而不自知，針對類使強波電器用品，要特別注意保持距離，避免長時間使用。

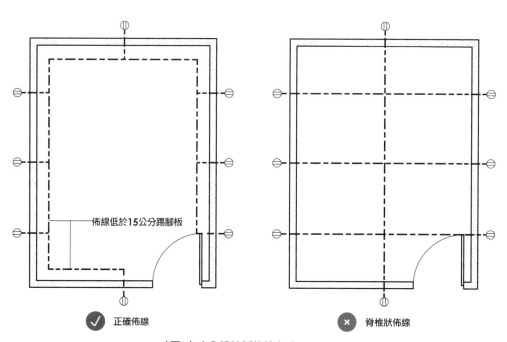

佈線低於15公分踢腳板

✓ 正確佈線　　　✗ 脊椎狀佈線

（圖3）室內樓地板佈線方式

狀況4：其他減少電磁波傷害要點：

→對策：

（1）睡眠時避免使用電毯、水床和電子發熱床長時間接觸身體。

（2）將床邊電子時鐘移開，或更換成電池發電的時鐘。

（3）液晶電視是最好的選擇，傳統電視會發出更多輻射。

（4）睡眠時將位於床鋪周圍3公尺內的電子儀器插頭拔掉。

（5）睡眠時拔掉電動臥床的插頭。

（6）使用室內電話作為主要的通話，減少手機通話時間。

（7）不要使用無線嬰兒監視器。

（8）儘量使用有線鍵盤、麥克風等配備，避免長期使用無線電磁波配備。

（9）儘量不要使用藍牙，影響自己也影響周圍人。

（10）睡覺時，讓身體完全離開輻射範圍如手機電充電、除濕機、空氣清淨機等。

規定及標準

· 單位：mG=毫高斯
· 每1微特斯拉等於10毫高斯，$1\mu T=10mG$
· 低頻電磁波的安全標準：

各國標準	建議值
歐美國家住宅區	小於2mG
美國BIOLNITIATIVE	1G（2012建議值）
德國健康住宅協會	1G
瑞典（符合歐盟委員會建議暴露值）	10mG
荷蘭（居家室內）	不得超過4mG
丹麥（公共場所）	年平均值不超過4G
比利時（室內生活區）	100m
比利時（睡眠區）	2mG
台灣環保署短期暴露值（非長期安全值）	833mG

註：台北市政府的無線上網計畫，私人住家等提供免費「居家與工作職場電磁波安全檢測」，仍需付檢測人員一趟車馬費新台幣1,200元。也可上網找一般檢測單位如SGS進行檢測。

第二章
從維生要件建構健康綠住宅

健康好宅設計之生物性環境影響因素，

包括提供潔淨水環境、阻止病菌傳染環境、

運動空間環境、寵物環境管理等影響因子，

本章將逐一討論其設計及使用說明。

apter 2

第一節
提供潔淨水環境

人體與地球表面一樣，大約四分之三以上是由水組成的，正常情形人體每日約需2,000cc水分；其中均衡食物約含1,200cc，額外攝取水分約為800cc左右，飲水過量對心臟負擔太大，會導致血漿容積增加，鈉變稀使血管彈性收縮不良，適當水量也因人而異。身體內保持足夠的水分是健康的基本需求。台灣住宅裝設的自來水不可直接飲用， 必須透過過濾、殺菌及酸鹼度調整過程後成為「潔淨飲用水」（drinking water）才可直接飲用。潔淨飲用好水對健康非常重要，主要品質指標是氯含量、鉛含量、濁度、總大腸菌群及可能含有更危險的病原體如細菌、病毒與原蟲等，飲用不潔淨的水可能導致胃腸道不良反應，如腹瀉、嘔吐、噁心等。每天需飲用足夠的潔淨飲用水，可潤腸道、促進新陳代謝，尤其大腸往往是糞便堆積的地方，水可以溶解毒素及減少毒素的吸收，縮短糞便在腸道停留的時間，避免糞便在腸黏膜接觸太久，增加腸黏膜變性使身體中毒的機會。

健康影響及設計策略

狀況1：自來水來源潔淨控制，台灣自來水含微生物細菌以及重金屬，需要潔淨處理，由於環境汙染引起飲用水中含有許多重金屬和有機汙染物，如氯乙烯、汞、砷等含量需去除，公共用自來水通常會在水中添加氯，維持適量的餘氯量，確保在輸送過程中不會滋生病菌保持的水質安全，但水中含氯使用上也須注意其產生三鹵甲烷的問題（林敏菁等，2015）。

→對策：

■1.避免吸入燒開水時的蒸氣

依照環保署飲用水標準，自來水中有效餘氯含量須小於0.2～1.0毫克／每升，生活中當氯與水中的有機物質反應時，或燒水加熱以後會產生消毒副

產物例如三鹵甲烷（THMs）和鹵乙酸（HAAs）等，如果進入人體會引起癌症、腎損害和中樞神經系統損害之可能，需要特別注意燒開水時間不要太長，以及避免吸入開水蒸汽。

■2. 自來水需經淨水設備過濾

自來水需經過淨水設備截留水汙染帶來的病毒、細菌，濾除水中餘氯、重金屬等成為潔淨飲用水，可選擇適當的淨水機除去自來水雜質、細菌、重金屬等成為潔淨飲用水，淨水方式如下：

（1）淨水座機方式：淨水飲用水對身體健康影響如血液造血系統、心血管系統、呼吸系統、自律神經系統、免疫系統以及促進新陳代謝等。市售一般淨水機約分四大類如懸浮粒子活性碳過濾、加RO膜逆滲透純水淨化、電解水再製以及能量再製磁化、礦化、活化、能量化、鹼性化、小分子化、負離子化等。最適合淨水座機其特點是具有三段，10道過濾，經過微化礦化去除有害雜質與有害物質，製成為奈米小分子水、鹼性、負氫離子、多種微量元素等優質好水，符合美國FDA5微米過濾懸浮物標準及TDS美國2,000萬分之一的RO膜標準（圖1）。

（圖1）淨水座機

（2）可移動式生飲壺，提供個體化「飲用潔淨水」，適用在多層樓住宅，房間與廚房潔淨供水機不同樓層，如透天厝或別墅等住宅房間，使用可移動式生飲壺不需煮沸即可將自來水變成可飲用的水，酸鹼平衡及礦物質平衡，過濾重金屬，去除自來水中氯氣及雜質、細菌、保留個體必須礦物質，並調節 pH 質成為最適合個體吸收的自然弱鹼性飲用水，可移動式從房間可帶到另房間方便個體使用淨水壺（圖2）。

（圖2）可移動生水壺

（圖3）溫控瞬間熱可移動飲水壺

現在也有溫控瞬間熱可移動飲水壺，發熱水電分離相對安全，5秒就能達到想要的溫度，在冬季或高齡族群、家有幼兒特別需要（圖3）。

■3. 浴室及廚房供水除氯氣

浴室洗澡噴頭可加設除氯水設備，使洗澡水噴灑眼睛及皮膚不致受傷害（圖4），

（圖4）淋浴水除氯器

另廚房洗滌用水可裝置除氯設備與未除氯水共存，洗滌蔬菜、水果使用含氯自來水，可移除部分農藥等汙染物；燒開水或烹調時使用除氯過的自來水，避免有毒物質如三鹵甲烷副產物毒性氣體產生。使用自來水洗澡，供水口安裝除氯器，可以減少氯侵害皮膚及呼吸系統。

狀況2：避免退伍軍人症導致肺炎病症，飲用儲水槽內含有細菌水質，會導致肺炎稱為退伍軍人症，會使患者咳嗽、呼吸短促、肌肉疼痛及頭痛。特別是對於老弱病患些風險較高的人，若未能及時治療，可導致肺衰竭和死亡。此病菌於**1976**年首次在賓夕法尼亞州費城爆發，導致上萬人次集體住院。儲水槽內含有細菌水於熱盆浴、淋浴、噴泉或大型建築物冷暖系統形成水霧時，會發生大量細菌滋生。

→**對策**：

（1）建議至少每半年定期清洗一次供水塔。

（2）設計時採雙幫浦、雙水管供水，避免停水或清洗水箱時不致停水，一般大樓採單水管供水，當幫浦或水管故障停電導致停水，將造成住戶生活上的不便。

（3）使用變頻恆壓式馬達，加壓幫浦可保持穩定水壓供水節省電力又減少噪音。

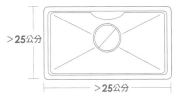

（圖5）洗手槽長×寬

（圖6）洗手水槽長與寬至少25公分

（4）採用不鏽鋼防震軟管連接水幫浦兩端，採用耐壓、不易變質、不易裂管路材質，水質不易受汙染，保持潔淨供水。

狀況3：飲用水值的視覺感受及口感處理。

→對策：

水的視覺感受和口味也至為重要，如含氯化物量高的飲用水會有鹹味，有時清晨家中水龍頭流出的自來水因含鐵會使水呈現紅色等，往往是鍍鋅鐵管腐蝕生鏽所產生，尤其因自來水在管中停留太久，清晨會發生這種現象，需注意將管中殘留水流放一段時間後再用，流放水可用來澆花等用途。不論是公共場所或住家都需定期檢測水質，以保持飲用的水符合飲用水標準，且注意選用適合的淨水機。

狀況4：疫情期間對於手部清潔更加重視，該如何設置洗手設施、乾手設備以及備品，以鼓勵多洗手及乾手防止細菌傳播。

→對策：

設置水槽寬度和長度至少為25公分（圖5、6），沿水流方向水柱長度至少為30公分，以利鍋盆清洗（圖7、8），在水槽處提供無添加香料的皂液、乾手用紙巾備品等，供居住者確實洗手、乾手，避免細菌感染與傳播，或使用新型洗手兼乾手熱氣水槽（圖9）。

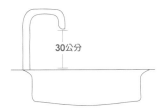

（圖7）水柱長度

（圖8）水槽水柱至少30公分（圖9）洗手兼乾手熱氣水槽

標準及規定

飲用水標準網站https://law.moj.gov.tw
・化學性標準
・消毒劑副產品
・農藥
・適飲性、感觀物質
・有效餘氯

第二節
阻止病菌傳染的環境

生物氣膠及細菌病毒是住宅主要汙染物，生物氣膠指的是空氣中的真菌、細菌、病毒、花粉、貓狗鳥等寵物的糞便或蟑螂的糞便等，被證實為影響人體健康的重要因素之一，如SARS、禽流感及冠狀病毒。此類生物氣膠為人類主要過敏原，短期暴露高濃度生物氣膠會增加「大樓症候群」的風險，而長期暴露則會引發身體嚴重呼吸道危害，室內真菌及細菌的危害研究最為常見，尤其像台灣高溫高濕、建材易受潮的環境中，若真菌的濃度偏高，呼吸道疾病的發生機率會提高30％～50％，病菌傳導的途徑由以空氣經住宅任何開口部傳入，或以接觸方式經由觸摸衣物隨身傳入人體。許多調查指出建築環境中不當維護管理設施設備如機械空調等，靠近室外的空調系統管道入口，或房間之間藉由空氣交流傳染黴菌和細菌滋生源的傳染機率都非常高。

病毒是當前全世界正受侵襲的最大問題，人類嗜食珍禽異獸，牧養大量家畜家禽，再加上全球氣候暖化，交通運輸便捷，細菌和病毒得以在世界各地快速傳播。動物的病毒傳給了人類，甚至發生新的變種病毒，新興傳染疾病無預警爆發流行，從禽流感、豬瘟型流感、伊波拉病毒、登革熱、SARS，到近期的新型冠狀病毒肺炎（COVID-19）等，似乎不會停歇繼續在我們生活環境進行傳染，甚而繼續如孫悟空72種突變方式侵擾我們的生活。健康住宅的基本功能，應是能減少病菌空氣在室內房間互相感染，此外，台灣氣候炎熱又潮濕，若室內通風不良又沒有固定除濕，甚至還有失修的漏水，就容易在牆壁內層產生黴菌，飄流出來堆積身體濕氣，可能會引發哮喘、頭痛、過敏、皮膚病、香港腳及其他呼吸系統疾病。

本節阻止病菌傳染的解決策略內容，包括生活上清潔及維護、阻斷樓層漏水、室內有效通風系統、潮濕環境解決方法，以及配合飲食的「自然療法」排毒與平衡免疫力全方位的身體保健方法。

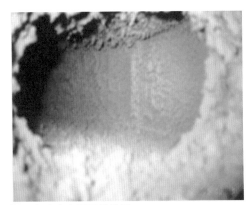

（圖1）中央空調風管菌垢

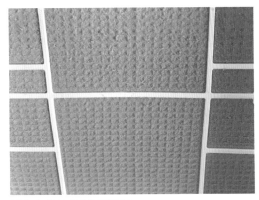

（圖2）分離式空調機濾網

生活上清潔及維護

■清除水漬避免滲入建築構件或設備

隨時清除廚房和浴室等潮濕區域的水漬，避免引發黴菌滲入在牆壁組合構件內，確認地板排水口通順，採可關閉式排水口，平日保持關閉，以免蚊蟲藏匿或爬出帶來病菌。另需檢查天花板、牆壁或地板上的變色區塊或水漬跡象容易滋生黴菌。

中央式空調系統中的冷卻盤管上常會滋生黴菌引流到建築的室內空氣中，平日須按時檢查清潔，在維護上至少換季前需按時檢查所有冷暖空調機組、冷卻盤管、濾網及風管等有無黴菌滋長，塵蟎堆積情形，定時進行清潔工作。（圖1）。分離式空調機使用久了濾網（圖2）堆積灰塵、細菌、病毒、黴菌、塵蟎等有害物質，會造成過敏、皮膚病及呼吸系統病變，需要清除，可降低感染呼吸道疾病、改善室內空氣品質，還可延長使用壽命3至5年，節約能源30～50％左右。清洗可自己DIY或請專人清洗（可上網查詢）。

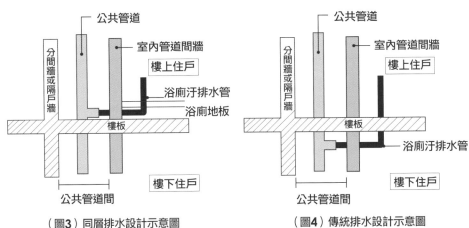

（圖3）同層排水設計示意圖

（圖4）傳統排水設計示意圖

健康影響及設計策略

狀況1：台灣都市公寓住宅最常發生上下層汙廢水排放的爭議，產生汙穢水及空氣互相汙染權責及管理問題，住宅內汙廢排水系統管道經常須穿樓板至下層住宅天花上排放到共同管道間，長時間使用常因天花內屬於上層排放管接管頭鬆壞或水管破損，導致汙廢水漏流到下層住戶，或由公共管道間破損處使汙染氣體或細菌病毒逸散到整棟住戶室內譬如香港SARS發生過程，嚴重影響社區健康，類似狀況頻頻發生需要解決。浴廁及廚房漏水問題往往會造成上下層住戶權責糾紛甚至反目成仇，解決曠日廢時，影響身體健康甚鉅。

→對策：

（1）住宅採用「同層排水」方式，即住宅排水支管應以本戶為界，將排水系統設備管路設置在本戶住宅建築構造及財產範圍內，自行維護而不要繞經樓上下別戶空間（圖3），避免如傳統方式住宅將汙廢水外漏樓下住戶範圍產生糾紛（圖4）。現代新建住宅採用「同層排水」方式最重要優點是產權清楚，自家水管安裝在自家建築潔溝產權範圍內，萬一發生漏水問題自行檢修，施作時可自由規畫衛生器具裝設位置，避免漏水及噪音傳到下層住戶，保障各層住戶生活品質的空間。

（2）台灣同層排水通常有二種方式：其一是新建築在設計時採用降低樓板方式（圖5-1、5-2、5-3）以及既有建築增

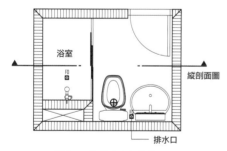

（圖5-1）浴廁平面圖

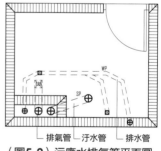

（圖5-2）污廢水排氣管平面圖

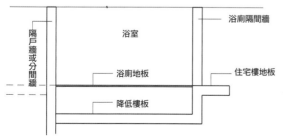

（圖5-3）降板式浴廁及住宅縱剖平面圖

（圖5-4）提高式浴廁及住宅縱剖平面圖

加浴廁時採用提高樓地板方式（圖5-1、5-2、5-4），各有優缺點及適用性。新建築採用降低樓板方式，有將住宅浴廁、廚房範圍降低樓板，或整層住宅降樓板形成雙層樓板方式。此種設計的衛生器具配置較靈活且有較高空間，工程設計可以反樑結構，使各戶衛生排水及汙水排水系統構件皆能自主自行維護。既有建築無法降低樓板故可用提高樓地板方式，但空間高度減低且排水側面出口排水流利較低，須審慎計算排水管坡度等問題。

（3）公寓汙水排放系統規劃：將第一層及第二層樓與第三層樓以上汙水排放管分開設置，以免三樓以上汙水倒灌至一、二樓衛生間，汙廢水外溢汙染居住環境。

（4）同層排水的地坪排水口需內置水封（存水彎），平時餵水水防止水封乾涸，臭氣反溢回流室內。

狀況2：

潮濕環境會滋生黴菌和其他有害生物的細菌，傳播空氣中易患呼吸道感染和哮喘的可能性，尤其是室內長時間滲水進入建築物結構、室內用水時漏出，及濕氣過重的空氣凝結在建築材料上，都會營造昆蟲與其他具有破壞性細菌、黴菌生長的環境，容易破壞

腐濕木材構件，損害建築物構件，產生細菌在空氣播的環境。

→對策：

（1）引導所有雨水和地下水等遠離建築物及構體為原則。建築外牆及基礎結構應施作防潮層，阻擋雨水滲入建築牆壁內部。另外牆壁應該設置防水膜阻斷防止水份從室外滲入室內，在冷暖空調可能產生冷凝水的區域應由排水管道立即排除並且使用防潮耐濕材料，不要漏滴到樓下住戶陽台。

（2）在沒有雨遮的入口和玻璃接縫，地下室、洗手間、廚房和高濕度空間的外牆或內牆與裝修面之間，要鋪設防潮材料；經常使用水的空間，需有四面防潮防水裝修；所有需要排水的器具如馬桶、小便器、洗碗機、製冰機及洗衣機，易於接近部位都應裝置可以手動開關，以備隨時開關維修清潔。

（3）確保室內空間乾燥環境，最好使用除濕機保持室內在50％～60％之間較舒適有助健康，高齡者房間保持度50％～55％最佳。

狀況3：

配合飲食「自然療法」的排毒與保健是維持健康最根本有效方法，日常生活環境中每天都曝露在有許多有害物質的空氣中，身體經由水、空氣、食

物、皮膚等吸收重金屬有毒元素會引發疾病，如鉛會造成貧血與動脈硬化，汞會造成疲勞、暈眩、掉髮與語言障礙，鋁會造成肝腎功能變差與失智症狀，砷會引發嘔吐、下痢、自皮膚色素沉澱與致癌的病變。

→對策：

現代人日常生活必須每天執行「排毒」，加上「平衡免疫力」作為抑制病毒活化抵抗病毒的保健工作。排毒方面可用食物來幫助排除體內重金屬，可用簡單又無副作用的「蔬食排毒法」。

1.蔬食排毒法

（1）多吃蔬菜解毒例如番茄甘酸微寒有清熱解毒、涼血活血作用，冬瓜乾淡微寒清熱解毒、利尿消腫、化痰止咳、絲瓜清熱涼血、解毒活血，黃瓜能清熱利尿，芹菜可清熱利水、涼血清肝臟具有降血壓的功效等。

（2）每天攝入彩虹般顏色新鮮蔬果具有特殊的解毒功效，每種蔬果具有不同解毒功能（表一）。

飲用濃縮果汁SV（SanoVita），是幫助排除體內重金屬及消除自由基最簡易有效的排毒方法。SV濃縮綜合果汁成分含18種水果橄欖苦苷等高抗氧化物、維生素、礦物質、微量元素，各元素相互間的協同作用排毒，膳食纖維有助腸道健康複合營養素，其健康營養補給效果很好。（林松洲）

2.平衡免疫力方法

（1）益生菌能調節免疫系統平衡，免疫反應太高或免疫反應太低，對身體都不好，若免疫反應過於活躍，對外來物質就會造成「過敏」，若免疫反應太低，對於細菌、病毒的抵抗力差，就會造成「感染」，像是常感冒、疱疹反覆發作，許多現代常見疾病，其實都是免疫失衡造成的。益生菌應是能和人體共生有益健康的好菌種，能幫忙度過季節轉換、調整體質及改變細菌叢生等功效，選擇時注意

（表一）蔬果顏色及功能

綠色	葉綠素具有抗發炎、抗氧化功能。
藍紫色	花青素具有抗氧化劑、改善視力、抗病毒。
白色	硫化物提高免疫力、降低膽固醇。
黃色	β胡蘿蔔素、葉黃素降低冠狀動脈疾病、保護細胞避免自由基傷害，預防與治療視網膜黃斑部病變。
紅色	茄紅素或辣椒素能消除自由基，保護心血管，幫助消化。

無添加色素、香料、香精、甜味的產品，具有腸道原生多元菌種、通過孩童臨床過敏耐膽鹽、耐胃酸、耐高溫、無刺激成分嬰幼兒、膳食纖維促進蠕動等功能膠囊。國際菌株鑑定認證的益生菌，能調節免疫系統平衡，減少過敏抗體產生，市面種類繁多，需挑選雙層包埋技術的膠囊包裝，第一層可讓活菌順利通過胃酸，當活菌附著腸道後，第二層包埋可打開，穩定釋放出活菌，這樣包埋作法可以使消費者從每克（mg）消化中全程攝取更多活菌。另要挑大廠出品商品，因其上市流程及原料溯源管控非常嚴謹，可針對季節轉換調整體質專用聯華食品KG研敏最佳三益菌。

（2）強化肺臟及呼吸系統平衡免疫力功能，根據國人10大死因，超過77％的死亡率，都與缺氧有關。呼吸是人體基本生存必須依賴氧氣來源，呼吸是身體內在運動，可以減輕壓力焦慮，可調整杏仁核腦細胞體控制，杏仁核是腦部控制恐懼、焦慮和壓力的區域，呼吸維持肺部功能的正常運作，人體通過呼吸將空氣的氧氣經過肺部交換到血液當中並排出體內的二氧化碳，呼吸是每天都必須要正常運作維持生命還可以增強身體免疫力，當肺部被細菌侵害的時候或，者是癒後更需要加強正確的呼吸，細菌攻擊往往可能會形成肺部纖維化影響肺功能。

提升免疫力的簡易呼吸方法：（圖6-1、圖6-2）
步驟1：鼻吸鼻吐，眼睛閉著專注力放在眉心或鼻尖。
步驟2：呼吸時間3～11分鐘。
步驟3：結束後手放大腿，掌心朝上，然後深長的呼吸
　　　　3～5分鐘靜心。

每日可早晚都做這個呼吸靜心法,可以為自己重建身體心靈健康的新程式。
強化心肺提升免疫力的方法，可參考https://youtu.be/f_yhmbNcPZ4（呼吸聲療音樂家 明煖）

（圖6-1）呼吸法

（圖6-2）呼吸法

第三節
鼓勵運動的環境

因為忙碌而產生心理壓力導致疾病已成為現代人的通病，常缺乏運動也會導致心血管疾病、引發全身五臟六腑等疾病，已成為現代的普通現象。許多上班族在外工作久坐辦公室，回家後又長時間坐著看電視或閱讀等，常久坐超過數小時而不自知。久坐常會使腳部靜脈血液回流緩慢影響健康，嚴重者會產生冠狀動脈問題、呼吸中止問題、全身發炎、使腿部血管產生血栓、回流時可能會造成血栓塞，若是發生在腦部就會導致中風問題。如何培養正確運動，獲得身心靈健康，變成越來越重要。

規律運動都可增強氧氣和營養素向細胞內運送，促進二氧化碳及其他廢棄物運往細胞到血液往肺臟排除轉換成氧氣外，還可增強肌肉骨骼，強化心臟血管，幫助體內程序運作，運動亦可以幫助身體分泌內啡太（endorphin）改善心情，也可以提高體溫同時改變神經迴路控制的認知功能和情緒的穩定，包括影響神經傳導物質血清素（Serotonin）的分泌，血清素又稱快樂荷爾蒙，可幫助放鬆情緒、心情良好、改善睡眠，運動還能明顯增加骨礦物質，減少骨質疏鬆狀況發生，所以運動不只在物理上可以強身健體，在心理上還可以讓你放鬆身心、紓解焦慮、情緒變好（表一）。

（表一）運動對身心的影響

生理方面	1促進二氧化碳及其他廢棄運往細胞外 2增強肌肉骨骼，強化心臟血管 3增加骨礦物質，減少骨質疏鬆狀況發生
心理方面	1幫助身體分泌內啡太（endorphin）改善心情 2助放鬆情緒、改善睡眠

健康影響與設計對策

狀況1：

促進身體骨骼肌肉運動及內在臟腑全方位運動。

→對策：

（1）提高代謝強化骨骼與肌肉：身體運動可以增進血液循環外還可增強骨質肌肉代謝，持續運動可增加骨礦物質含量如爬樓梯、跑步、走路會將身體重力引發身體骨骼抗力而增加鈣質及磷礦物元素，保持0.6比1完美比例，運動時能曬太陽可幫助維生素D的合成，可促進鈣與磷的吸收，使骨骼硬化有足夠支撐力量，維生素D又能抑制蓋在腎臟排泄，保持血中足夠的鈣而健康。與走路同理，以背部輕撞牆或輕踩背的按摩，也可以激發背部脊椎的鈣與磷的礦物質元素強化骨骼。疏通氣血最有效的被動式運動是透過「經絡按摩」，經由經絡、神經系統來調節氣血，改善血液循環及淋巴新陳代謝保健養身，方法可參考「足林高手足體養生概念館」的體驗及資訊。

因此世界衛生組織建議，每週應該做中強度運動5天、每天至少30分鐘，像是快走、慢跑、騎腳踏車這些運動，都可

（圖1）室內運動靜心空間

（圖2）太極銅鑼演繹　　（圖3）呼吸靜坐

以養成運動的習慣才不會得肌少症。
（林松洲各種疾病的自然療法）

（2）避免久坐：室內要非常注意每次坐1小時要讓身體伸展或運動10分鐘，加上多喝水有助血液循環。

（3）在心理及精神上需要時時紓壓：身體就像蓄電池，今天用完今天充，現代都市小家庭大都住在公寓，由於生活步調緊湊，經常沒有時間專心做規劃好的是外運動，而且戶外時常空氣環境不良，所以在家裡隨時運動變成非常重要方式，運動場所可安排在住宅家中約3×4平方公尺面積的運動空間，做規律運動如太極拳、紓壓及呼吸及靜坐或唱歌對身體有益是絕對需要的，運動空間需要有窗戶對流空氣、光線充足、清淨室內健康環境（圖1），另有透天厝、

（圖4）唱歌紓解壓力

（圖5）室內瑜珈空間

屋頂露臺可設置自然元素如植物，水景，甚而提供音樂藝術品賞心悦目引發運動意願及產生運動時之愉悦，藉此每天充電維持生活及工作能量。

（4）五臟六腑內在運氣流動： 我們慶幸享有中華文化之優勢可修練太極拳、瑜珈、呼吸、吐納結合身心靈動靜合一的呼吸靜坐修練（圖2-3），既可加強體身心肺功能及骨骼肌肉，還可幫助靜心專注、收放自如，獲得覺知又強身健體修練的機會。作者每日以修練唱頌、瑜珈、呼吸、靜心、太極拳獲益良多，詳《太極瑜珈心呼吸》著作。

（5）唱歌育樂： 唱歌是一個解除壓力的很好運動，壓力大時血壓會升高，研究顯示發聲和共鳴對血壓有平衡作用，時常與大自然接觸鳥語花香，觀賞美景可釋放壓力，大自然是紓解壓力調節身心靈的很好環境，在住家的前、後院和社區鄰里公園或者是社區公園享受芬多精，唱唱歌可以降低腦皮質醇（cortisol）紓解壓力（圖4），住宅中不同空間選擇適合的音樂能夠改變細胞的化學作用，因為音樂會影響一個人的呼吸頻率，血壓、胃收縮、及荷爾蒙指數，透過音樂減輕憂慮，平伏焦慮心情更能安定情緒更具有治療病痛的療效。

（6）規劃靜心空間： 住宅中有靜心瑜珈的安靜空間及設施設備，是目前緊張生活中不可或缺的環境（圖5），住宅中臥室也能夠營造一個舒適安靜環境得到充足的睡眠，使神經系統恢復功能，才能加強免疫系統，有空投身住宅前、後院園藝活動有助於降低皮質醇濃度，提振情緒因為園藝活動「無需花費精力的

（圖6）運動樓梯空間

注意力」心理學稱之為「無意注意」能幫助儲蓄能量，重新出發。

狀況2：
住宅使用不當傢具對身體的脊椎骨骼及肌肉會受很大影響，如腰部及背部和頸部疼痛是最常發生的問題。
→對策：
購置符合使用者個人人體工學的家具與設備，居家空間設計及傢具須符合人體工學，適當空間格局及妥當傢具配置不會造成身體受傷，採用傢具考慮可調整高度輪流變換功能，包括坐椅的位置高度，書桌高度、鍵盤位置，滑鼠位置和可調整的廚房工作檯面及櫥櫃的高度、視覺高度以及照明，客廳座椅高度，椅背及扶手高度，尤其家中有高齡者座椅必須設有扶手便於坐下起身不傷身體。

狀況3：
如何誘發室內運動意願。
→對策：
鼓勵低層樓公寓住宅使用樓梯增加運動量，梯間設計需有光線充足、通風及舒適的環境，誘發運動意願（圖7）。運動自我測量，研究說明可穿戴手環設備（圖8）有助於改變久坐行為，例如配戴小米手環附設震動提醒久坐超過1小時會需起身活動筋骨，使用計步器及計數器與活動目標相結合，顯著減少了成年人的久坐時間。越來越多的可穿戴設備不僅可追蹤身體活動如行走步數和鍛煉時間紀錄，還能評估睡眠、能量消耗和心率跳動等指標。這些設備通常依賴使用者隨時間追蹤其資料，並通過網路瀏覽器或應用程式，更進一步連動手機報告其他健康狀況，如膳食紀錄等以控制營養及體重。目前智慧手環等穿戴裝置需以藍芽啟動，建議夜間休息時脫下手環，以免整天受電磁波干擾。

（圖7）運動手環

第四節
家有寵物環境管理

現代許多人有飼養寵物的嗜好，室內難免產生動物類過敏性物質，如歐洲塵蟎（糞便和死蟎）、美洲塵蟎（糞便和死蟎）、美洲、德國蟑螂（糞便）、跳蚤（糞便）、貓狗皮屑、倉鼠皮屑影響居家環境衛生。

健康影響及設計對策

現代家庭一般寵物喜愛者都將寵物飼養在家裡共同生活（圖1），許多問題需注意以維護健康住宅環境。

（1）寵物及其生活環境需要依照「動保法」的規定做適當管理維護整潔衛生環境，避免病菌、毛髮、微塵以及其他過敏性物質等傳播危害人體健康。

（2）飼主有義務提供適當的食物、飲用水和充足的活動空間給寵物。

（3）飼主必須提供患病或受傷的寵物治療，還需提供法定動物傳染病之必要防治。

→對策：

一、狗寵物

（1）飼主需確保寵物生活在安全、遮蔽、通風、光亮、溫暖、清潔的環境。

（2）寵物飼養環境安裝空氣清淨機清除有害汙染空氣最有效，能破壞細菌表面的蛋白質氧化與分解，使細菌無法活化，能消除黴菌、蟎蟲（糞便和死蟎）和過敏原等的機種。

（3）盡量減少地面高低差或物品傢具障礙。

（4）陽台門裝設活動寵物門片，讓寵物可自由進出陽台，無須等主人開門進出，不用憋著傷身，陽台要裝置水龍頭隨時清洗。

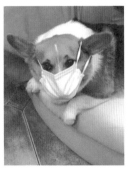

（圖1）與寵物共同生活在住宅內
（以上照片由程鎧言提供）

二、貓寵物

（1）貓喜歡到處跳踏，設計一些高低不等平台讓牠活動。

（2）貓喜歡定點抓板，滿足牠愛抓的習慣。

（3）要刷毛，避免落毛影響室內環境清潔。

（4）沙發與餐椅需鋪上不怕抓的布，維持傢具整潔。

飼養狗、貓寵物還需提供適合的空氣清淨機、飲水機以及運動設備（圖2-4）。

（圖2）寵物空氣　（圖3）寵物飲水機
清淨機

（5）室內裝設掃地機，隨時打掃寵物掉毛。

（6）狗食放置乾燥密閉容器中。

（7）狗窩定期清潔。

（8）養成狗在家中定點大小便習慣，以免影響室內衛生。

（9）若是長毛狗，養成每天梳理毛髮習慣，以免毛髮在家中內外飄揚。

（10）定期為寵物洗澡，避免寵物發散氣味到室內空間。

（圖4）貓運動設備

案例實證—李院健康住宅
從維生要件建構健康綠住宅

阻止病菌傳染環境

■室內空間分區獨立通風換氣

將住宅室內空間分區規劃、分區獨立控制通風換氣系統，減少各區病毒互相傳播機會，室內還可使用閃流放電抑制病毒活性化的空氣清淨機，各方法防止從空氣接觸傳染管道，杜絕各種傳染途徑，達到健康舒適、使用方便以及節約能源的分區空間為目的。

■設置阻隔汙染物進入的門廳

該棟住宅每層每戶都設有獨立門廳兼防火區劃樓電梯門廳，及常關氣密大門作為緩衝仲介空間（圖1），可避免病菌、汙染粉塵、汙染空氣及微粒物等由大門開口流入室內，氣密門廳還有配備換鞋、清潔鞋底、除塵墊以及除塵工具等，可阻止室外病菌、汙染物、粉塵等隨居住者進入住宅時帶入室內。

（圖1）門廳是阻絕病菌、汙染粉塵的仲介空間

運動空間環境

■住宅梯間轉化為運動空間

該住宅設計考量具有美感的室內運動
空間及樓梯，空間內安裝至少150勒克
斯（Lux）充足光線，詳第一章第二節
（P63）日本JIS住宅室內空間基本照
度參考，設計結合室內外綠化視覺景
觀，鼓勵住使用樓梯運動。該案健康
好宅設置光線充足、空氣流通且具有
景觀的室內樓梯（圖2），鼓勵住戶多使
用樓梯，增加運動機會。

（圖2）景觀窗樓梯間

第三章

降低有毒化學物質的
健康綠住宅

本書詳述化學性健康環境影響因素

包括有毒建築材料、重金屬、

有毒清潔劑生活用品等影響因子，

及其對應之設計使用策略。

Ch

apter 3

第一節
使用建材的必知觀念

近年來建築材料大幅使用化工產品，導致逸散揮發性有機化合物以及甲醛、石棉等毒性空氣悶在住宅室內，形成病態建築的情況特別嚴重。台灣地處亞熱帶氣候，常年炎熱潮濕，有害物質存在於封閉的室內空間，會直接經由人體呼吸道進入身體肺臟或由腸道吸收，引起嚴重疾病。

除了室內建材之外，住宅室外環境所用建材逸散甲醛毒性空氣，對人體健康也影響甚鉅，例如陽台地板、天花板及兩側常使用木地板裝修材，還有戶外牆板、圍牆及欄杆等構件，經常會激發甲醛有毒空氣的問題很難解決，需要合適替代產品。還有地下室緊急發電機啟動時散發甲苯毒性空氣吸入過多會影響到腦及心臟的急性中毒還會感到頭暈、噁心、嘔吐的中毒情況。建築室裝使用之石棉天花板，水泥複合建材的中空板，建材填縫帶，隔間牆之隔熱材，屋頂使用石棉瓦以及外牆使用磁磚等建材。長時間暴露在石棉纖維環境中，會導致肺部周遭及肺葉中產生瘢痕樣組織妨礙其呼吸功能，也有引起癌症可能性。

住宅室內裝潢及傢具所用油漆塗料、建材石棉等都會釋放揮發性有機化合物、甲醛等毒性物質。家用清潔劑、沐浴乳、洗髮精、洗碗精等含界面活性劑月桂基硫酸鹽，默默影響身體健康。

建築中的有害物質

■揮發性有機化合物與甲醛

不良的建築材料會溢散揮發性有機化合物（Volatile Organic Compounds，VOCs）以及甲醛等有毒空氣汙染物。揮發性有機化合物被測定經常以總揮發性有機化合物（TVOC）來表示整體結果，內政建築研究所發表常見有關健康綠建材逸散之TVOC檢測包括苯及乙烯兩大類，其詳細項目為以下十二種化合物（表一）：

（表一）常見有關健康綠建材逸散之TVOC檢測

苯	苯（Benzene）
	甲苯（Toluene）
	二甲苯（Xylenes）
	乙苯（Ethyl Benzene）
	1,2-二氯苯（1,2-Dichlorobenzene）
	1,4-二氯苯（1,4-Dichlorobenzene）
乙烯	二氯甲烷（Dichloromethane）
	氯仿（三氯甲烷）（Chloroform）
	四氯化碳（Carbon tetrachloride）
	苯乙烯（Styrene）
	三氯乙烯（Trichloroethylene）
	四氯乙烯（Tetrachloroethylene）

■揮發性有機化合物

建材中常見揮發性有機化合物，存在於濕性及乾性建材，濕性建材以塗料油漆為主，如水泥漆、門窗鐵架及木製品使用的調合漆、烤漆以及接著劑等逸散最多甲苯。乾性建材以合板類建材為主，傢具來自保護漆、黏著劑，複層建材來自接著劑、壁紙，生活中食物在加工、加熱、包裝、盛裝的過程裡使用塑膠製品，被WHO列為可能的致癌物「磷苯二甲酸酯」溶出且滲入食物可能會造成吸收致病，都是室內汙染空氣主要原因。

健康影響及設計對策

狀況1：

室內有毒揮發性有機汙染空氣，可能會傷害人的呼吸道、皮膚、眼睛及黏膜，刺激肝臟、腎臟、大腦和神經系統。

→對策：

揮發性有機化合物在住宅內需控制使用。新裝潢使用濕性、乾性建材及傢具設備等，建議總揮發性有機化合物濃度逸散速率需小於0.19mg/m^2・hr為準。

杜絕使用毒性甲醛材料，如黏合劑、接著劑、密封劑、塑膠製品、油漆及塗料等。

室內空間設計有效自然通風系統，可併用全熱交換器機械式通風設備，有效減低室內揮發性有機汙染空氣含量，維持空氣品質。

狀況2：

甲醛（Formaldehyde，HCHO）是在室內普遍存在無色有毒氣體，其來源及對健康的影響如（表二）：

（表二）甲醛的來源

空氣中的來源	（1）牆壁裝修板、天花板等樹脂膠合人造板，如合板、木芯板、纖維板及粒片板等。
	（2）房屋隔熱、禦寒的絕緣材料，在光與熱的作用下泡沫老化，釋放甲醛。
	（3）壁紙、壁布、油漆與塗料等裝飾材料。
	（4）傢具、化纖地毯和泡沫塑料等。
	（5）燃燒後會散發甲醛的材料，如香菸及一些有機材料。
	（6）芳香劑、殺蚊液及除臭丸等等。
	（7）使用電腦或有電線的的電子產品，也可能因熱釋放出半揮發性有機物質之類化學性汙染物。
衣物中的來源	如白挺或免燙的衣物對人的皮膚有強烈刺激作用，會引起皮膚濕疹、全身過敏。
食物中的來源	（1）經漂白或為保鮮防腐，如蘿蔔乾、米粉、粉絲、鴨血、豆腐、腐竹、掛麵添加甲醛蛋白質凝固及漂白。
	（2）烏賊、海參、黃喉、魷魚、鴨腸、鴨掌、海螺、天梯、扇貝肉等海產食品，泡過含甲醛藥水保鮮防腐。

住宅經過裝潢後，很可能隱藏甲醛濃度超標問題，大部分油漆、壁紙、木製建材、傢具都會添加甲醛，釋放期長達3～15年。甲醛對人體健康的影響主要表現是嗅覺異常、刺激、過敏、肺功能異常、肝功能異常和免疫功能異常等方面。長期接觸甲醛會使得女性月經紊亂、妊娠綜合症，新生兒體質降低、染色體異常。高濃度的甲醛對神經系統、免疫系統、肝臟等都有毒害。據流行病學調查，長期接觸甲醛的人，可能增加鼻腔、口腔、鼻咽、咽喉、皮膚及消化道等癌症的危險性。甲醛濃度在每立方公尺空氣中達到 0.06～0.07 毫克／立方公尺時，兒童就會發生輕微氣喘；達到0.1毫克／立方公尺時，就有異味和不適感，達到 0.5 毫克／立方公尺時，可刺激眼睛引起流淚；達到 30 毫克／立方公尺時，會立即致人死亡。（林松洲）

→對策：

可從「板材原料控管」及「裝潢材料控管」兩方面控管源頭。

■板材原料控管方法

（1）使用前在板材表面噴塗甲醛捕捉劑，效果明顯。

（2）使用前用含丙烯、酸醯、聯氨類

等三種高分子化合物的混合水溶液做吸附劑，以噴霧、塗布或浸漬施與人造板面上，硬化或乾燥後可高效去除甲醛。

（3）使用前在板面和四周塗敷一層用 15/100 的石蠟和環氧乙烷製成的塗料進行封閉，可降低游離甲醛的散發速度。

■裝潢材料控管方法

（1）儘量減少裝修量、室內裝潢選購不含甲醛的原木、使用板材替代品如矽酸鈣板、石膏板等裝潢材料，不用廉價合板加上油漆會增加甲醛濃度。選用無毒、少毒、無汙染、少汙染的施工方式，室外建材選用無甲醛、防濕、防曬又防蟲的替代產品如無膠合劑環保纖維木。

（2）設計可開窗戶及機械式通風，供選用或併用達到排除甲醛到室外是最有效的方法。另外降低甲醛濃度的方法，可在室內房間選用合適空氣清淨機，或加裝全熱式交換機配合冷氣使用加強效果。

（3）使用時用盆栽降解甲醛的方法，如擺設吊蘭、蘆薈、綠蘿、鐵樹、波士頓腎蕨、吊蘭、龜背竹等綠色植物（圖 1-3），或放一些茶葉梗，減少室內甲醛

含量。如果甲醛濃度較高，則可運用活性炭、光觸媒、空氣觸媒、甲醛清除劑等技術來吸收甲醛，待飽和後可置於太陽下曝曬後重複使用。

（4）裝修時嚴格選用F1以上合板、粒片板、層積板的較高等級板材做室內裝潢，國內經濟部標準檢驗局對裝潢板材以甲醛的釋出量分別標示為F1：0.3（mg/L）以下、F2：0.5（mg/L）以下與F3：1.5（mg/L）以下三種等級，並要求需達到F3等級以上方可在市面販售。作者建議裝潢時選用無甲醛或至少台灣標準檢驗局標示為F1以上較高等級板材，以免空間裝潢完成後與其他天花板、地板、隔板、系統櫃等等所有項目散發出來的總揮發性有機物質（TVOC），超過標準檢驗局規定總逸散速率需小於 0.19 mg /m² • hr的標準或超過環保署及內政部要求0.08ppm的標準。（詳見本節所附規定及標準）

（5）室內使用「閃流放電技術」的空氣清淨機產生強效氧化分解力的高速電子，破壞細菌表面的蛋白質氧化與分解，可有效去除甲醛及揮發性有害化學物質。

狀況3：
生活環境管理上甲醛防治方法。
→對策：
（1）儘量避免在室內堆放木製傢具、室內裝修物品或是建築材料等這些會釋放出甲醛的物品，尤其是酚醛樹脂製造的木製品。

（2）作者建議使用沒有任何塗料的實心木材或舊傢具，甲醛含量較少，除非必要，儘量不要以新傢具替換舊傢具。

（圖1）吊蘭　　　　（圖2）盆栽

（圖3）擺設盆栽

（3）新裝修完的居室，盡可能推遲入住時間，新的傢具最好放在室外數日或數週，然後再移入室內，可要求您的傢具供應商，將傢具送到居所前，先放在室外一段時間，讓空間通風使甲醛等有害物質逸散。

（4）當溫度及濕度增加時，釋放出的甲醛也會增加。在炎熱及潮濕的日子減低室內溫度及濕度，有助於降低甲醛的釋出量。

（5）可使用竹炭或活性炭之吸附性材料，以吸附空氣中甲醛，待飽和後可置於太陽下曝曬後重複使用。

狀況4：

住宅室內窗台及窗框經常使用木質或貼木皮油漆施作最為經濟簡易，但經過日曬其接著劑會熱解，產生甲醛毒氣逸散室內影響健康，日久後會變形，龜裂、剝落等現象（圖4）。住宅陽台地板、天花板及兩側常使用木地板，經過日曬、雨淋久後會變形、龜裂（圖5），也會剝落或腐濕（圖6）、崩壞（圖7）等現象，應該使用無甲醛、防濕、抗曬又防蟲的替代產品。

（圖4）窗台貼木皮材質龜裂剝落

（圖5）室外木質陽台地板變形，龜裂

（圖6、7）室外木質地板腐濕或崩壞

（圖8）雙向日照陽台地板

（圖9）建築外牆

（圖10）室外露台地板

→對策：

有關住宅室內的窗台及兩側、陽台天花板及側牆以及郊區住宅、別墅或農舍構件等可使用無甲醛、防濕、止滑、抗曬又防蟲以自然纖維為原料的環保纖維木，取代一般易腐濕木質材料，可使用在如陽台地板（圖8）、建築外牆（圖9）、露台地板（圖10）、陽台天花板及側牆（圖11）、外牆遮陽板（圖12）、戶外木格欄杆（圖13）、戶外圍牆及大門（圖14）、戶外庭園地板（圖15）、建築室外地板（圖16）、戶外造型圍牆（圖17）、戶外隔牆（圖18）等建材，能符合經濟價格，又能善盡環保再生的社會責任，也是世界發展趨勢，可參考無膠合劑的纖維木（WPC）產品。

狀況5：

誤食甲醛會直接產生中毒反應，輕者口腔、咽喉、食道、胃的黏膜刺激，較重者有頭暈、咳嗽、嘔吐、上腹疼痛反應，嚴重者會出現大量腸胃出血、昏迷、休克，導致肺水腫、肝腎充血及血管周圍水腫，還會損傷肝腎病變，可能引起腎衰竭。

→對策：

誤食含有甲醛的食品而出現上述症狀，應立即飲用 300 毫升清水或者牛奶，可稀釋和在胃裏形成保護膜的作用減少胃的吸收。 症狀嚴重要立即去醫院治療。

（圖11）陽台天花板及側牆

（圖12）建築外牆遮陽板

（圖13）戶外木格欄杆

（圖14）戶外圍牆及大門

（圖15）戶外庭園地板

（圖16）建築室外地板

（圖17）戶外造型圍牆

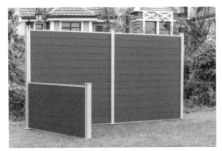
（圖18）戶外隔牆

狀況6：

住宅常見致癌石棉（Asbestos）有毒建築隔熱、隔音材料（圖19）及石棉瓦產品（圖20），1970年發現石棉纖維微粒對人體非常有害，影響主要部位為肺臟及環繞肺臟周圍的黏膜。若是長時間暴露在石棉纖維中，會導致肺部周遭及肺葉中產生瘢痕樣組織，這種情況稱為石棉沉著症。石棉沉著症患者會有呼吸困難、久咳的現象，少數案例有心臟肥大的情況為嚴重病症，會導致殘疾或死亡，暴露在低濃度石棉中的人，在胸腔黏膜上會發現「斑點」（圖21）。石棉工作者或是居住環境中石棉濃度高的地區居民，會使胸腔黏膜變厚而可能壓迫到呼吸道甚至演變成肺癌。住宅中的老舊石棉建築材料會產生各種環境汙染並導致人體疾病，從呼吸道刺激到引起癌症可能性，世界衛生組織已經宣布石棉是第一類致癌物質（附錄三）。

（圖19）石綿隔音隔熱材　（圖20）石棉瓦

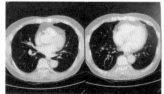

（圖21）肺臟斑點

→對策：

（1）排除使用石綿相關產品，了解石棉特性及身體危害，石棉存在自然界礦物之中，形狀類似纖維，容易碎成小微粒漂浮在空氣中，易沾黏在衣服上，被吸入人體肺臟後，經過20～40年潛伏期容易誘發肺部疾病，肺癌及間皮瘤，胸膜和腹膜癌，長期暴露在石棉中加上抽菸的習慣，會提高罹患肺癌的機率。住宅中石棉常常存在隔音板、吸音板、絕緣材料和天花板等隔音、隔熱材料中。作者建議從事建築業、室裝業、工地拆除者等常去工地或居住在工業區旁的人，要定期檢查肺臟，以高階256切電腦斷層掃描檢查，才能顯示肺臟斑點，應儘早檢查，因肺疾病常是在不知不覺中進入第2、3期，有生命危險。

（2）阻斷石綿環境汙染途徑，石棉纖維會藉由建築物的拆除工作、營造工程、房屋的整建或裝修、石棉水泥管施作等工程，過程中會使石棉纖維或石棉微粒逸散在空氣中，形成危險工作環境。因此從業人員在施工前需有安全維護計畫預置健康環境，施工中應具有防護措施及設備，避免吸入石棉逸散空氣，施工後需妥善處理石棉廢棄物，維護健康環境。台灣已禁止製造及使用石棉，但仍有很多老舊建築物需要改建，拆除新建時石綿逸散

仍會造成危險環境，各行業職場須遵照石綿建材拆除作業危害預防指引，從事含石綿等建材拆除作業措施，從現場調查、訂定施工安全衛生管理計畫、實施教育訓練、實施通報、管制措施防護具之選用與穿戴、附著物之清除、隔離措施之解除、作業紀錄及定期實施特殊健康檢查、作業環境監測確實執行，以保障執業環境安全。

（圖22）含甲醛合板（標示在平面角落或側面F1、F2、F3等級）

規定及標準

1.揮發性有機物質

· 內政部建研所標準測試國內健康綠建材的方法係依據計畫編號 MOIS 901014及參考 ISO 16000系列（CNS 14024）標準方法，即單項板材之甲醛逸散速率需小於 0.05 mg/m² •hr 。總揮發性有機物質（TVOC）逸散速率需小於 0.19 mg /m² •hr。

2.甲醛

· 經濟部標準檢驗局對現行木質建材在應施11檢驗項目，甲醛的釋出量要求需達到 F3 等級以上、方可在市面販售，其檢測方法略為以蒸餾水吸收釋出之游離甲醛作為試料溶液。量測出每公升（L）的蒸餾水中可吸收的多少毫克（mg）的游離甲醛：分別標示為 F1、F2 與 F3 三種等級（圖22）、其量測出的平均值（mg/L）分別為 0.3 以下、0.5 以下與 1.5 以下。

· 工業局 MIT微笑標章木質製品的安全性甲醛釋出量要求，更提升到需達 F2 以上。

· 環保署規定室內環境中空氣甲醛的總逸散濃度需小於0.08ppm的標準。

· 內政部建築研究所要求室內環境中空氣中甲醛的總逸散濃度需小於0.08ppm的標準。日本規定亦相同標準。

單位定義

PPM	Parts Per Million是百萬分之一的意思
mg/L	每公升的溶液中含有溶質的重量毫克數

註1：以上各不同檢測單位測試標準有濃度及重量不同單位。

註2：美國環保署毒性致癌歸類為（Group B1），甲醛屬於很可能致癌之人類致癌物。

第二節
避免重金屬危害

日常生活環境中常會攝入鉛、鎘、汞、銅、砷、銻等重金屬汙染物質，可能引起神經毒病、肝毒病、腎毒性、心血管疾病甚至導致皮膚炎、肝硬化、肝癌等。

健康影響及設計對策

狀況1：

重金屬：現代人難免經常吃西藥，在家居生活中常會攝取含重金屬而不自知，例如日常使用輔助粉末狀藥品製成的錠劑（圖1），可能含有碳酸鎂殘留重金屬含量如鉛、鎘、汞、銅、砷、銻等。如果長期攝入可能引起皮膚炎、神經毒病、肝毒病、腎毒性、心血管疾病甚至導致肝硬化、肝癌等。如使用更便宜的工業級碳酸鈣，混合含有重金屬留在體內有可能導致洗腎。

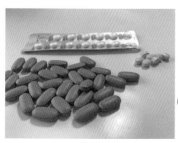

（圖1）藥品錠劑含碳酸鎂殘留

→對策：

日常生活上重金屬解毒方面可食用蘋果、梨、橘子、柳丁、葡萄柚、黑棗、胡蘿蔔、馬鈴薯以及其皮的部分含有果膠，屬於非澱粉多醣胜肽，會吸附腸黏膜上有毒的物質，成為重金屬以及各種有毒物質的解物。可化解重金屬毒性的解毒物如綠茶的兒茶素、褪黑激素（melatonin）、SV（SanoVita）濃縮果汁，還有其他抗氧化劑，都被確認可以預防和解除重金屬毒性。此外黑豆、綠豆、薏仁等食品，都是對重金屬具有解毒作用的解毒物。

狀況2：

汞中毒：汞會結合體內的金屬硫蛋白（metallothionein）使它喪失解毒功能，汞中毒對身體的影響包括炎症、減少氧化性防禦能力、血栓形成、血管

平滑肌功能障礙、內皮功能障礙、血脂異常、以及免疫力和粒線體功能障礙。汞中毒的臨床病症包括高血壓、冠狀動脈心臟病、心肌梗塞、心律失常、降低心臟心律變異參數、增加頸動脈內膜中層的厚度，頸動脈阻塞、腦血管意外、甚而全身動脈粥樣硬化和腎功能不全、蛋白尿以及自律神經失調等病症。汞最常應用在工業用化學藥物以及電子或電器產品。汞用於溫度計，尤其是在測量高溫的溫度計。很多的氣態汞用於製造日光燈，是住宅中最普遍影響健康和安全的問題。

→對策：

預防汞中毒上主要方式是隔離暴露來源，住宅常用血壓計及日光燈中普遍含有「汞元素」，若在家中不小心打破血壓計或螢光燈管的話，千萬不要使用「吸塵器」處理，避免元素汞受擾動揮發至空氣中，吸進人體嚴重影響健康。建議可以用掃把輕輕地掃，再把玻璃碎片及水銀集中在袋中分別丟棄。如果已經汞中毒，需立即就醫。預防汞中毒自然療法上，平日攝取微量元素硒（Se）及Omega-3脂肪酸（EPA，DHA）注意EPA及DHA成分比例以3：2如360mg：240mg為最佳，Omega-3魚油還可預防心血管等血液疾病。食物方面可多食用魚肉，魚肉能對抗汞中毒，是天然抗氧化劑具有清除自由基功能，另外汞的天然解毒的食物如香菜能除去水溶液中的無機汞以及甲基汞的汙染。（林松洲）

 **認識汞的危害**

（1）誤食無機汞造成急性中毒，會造成口腔潰瘍、腹痛、嘔吐，甚至消化道出血等症狀。汞會對腎小管具有毒性，會造成腎小管壞死而導致急性腎衰竭。長期暴露於無機汞造成慢性中毒會有胃腸道、腎功能及神經系統方面手顫抖。另外可能有疲倦、食慾不振、焦躁不安、注意力無法集中及步履不穩。

（2）有機汞容易從胃腸道吸收，經由水產品、農作物進入人體。其中毒以神經系統症狀為主，可能出現四肢末梢或口唇周圍麻木、視野缺損及一些非特異性症狀如失眠、頭痛等。嚴重者可導致小腦功能失調及痴呆等。

如有以上症狀建議就醫。

狀況3：

鉛中毒：鉛暴露於空氣汙染、水、灰塵、食物或消費性產品影響健康，最常見的是自來水的鉛管送水系統。症狀包括腦部頭痛、易怒、記憶力出問題以及腹部疼痛、便秘等。

→對策：

預防鉛中毒需去除家中含鉛物品，改善工作環境如加強通風設備，不使用含鉛的油漆及汽油。不用使用鉛製水管供水避免鉛含量滲入自來水中。減少含鉛的傢具使用，預防兒童接觸鉛。控制電子螢光燈設備，在進行建物修補、翻新或拆除時，須嚴加控制含有有害物質的灰塵和其他小顆粒散播危害人體健康。鉛中毒的主要治療方式是就醫利用藥物，讓鉛不與其他體內分子反應而排出體外。

 居家生活常見有害食物及解毒物

食物	為害	解物
油條	含有鋁的蓬鬆劑會導致記憶力衰退、憂鬱症狀以及老年癡呆症。	豆漿：含有豐富卵磷脂可使記憶力何好轉。
酸菜	經過醃製後的酸菜含有較多的草酸和鈣經由腎臟排泄容易在泌尿系統形成結石，又醃製食物大多含有亞硝酸鹽是一種致癌的物質。	奇異果，研究發現奇異果含維生素C，可阻斷亞硝胺合成，減少胃癌跟食道癌的發生。
鹹肉、臘肉、香腸等	含有大量硝酸鹽、亞硝酸鹽是致癌物。	奇異果、番茄、綠茶。
火鍋	火鍋湯刺激食道黏膜產生誘發食道癌龍潭含有大量的嘌呤（Purine）經過消化分解在肝臟代謝生成尿酸。	柚子，有助於滋陰去火、健脾消食。
烤肉	經過碳烤產生致癌物苯比（Benzopyrene）易導致胃癌。	烤蕃薯：含大量纖維素可阻止油脂被人體吸收，將烤肉有害物質包裹起來排出體外。
泡麵	高鹽高脂的維生素及礦物質食物增加腎臟負荷，提高血壓。泡麵調味包裡醬油辣椒醬等添加防腐劑對身體有害。	番茄和蘋果，蘋果中果膠可以降低脂肪吸收速度，排出體外毒素。番茄的茄紅素，蘋果的多酚有抗氧化、清除自由基，具有防止心血管疾病的功效。

狀況4：

鎘中毒：暴露於有毒重金屬鎘已被認為是全世界疾病，鎘使用於塗料、塑膠、電池裡面的穩定劑，工廠製作完排出來的廢水，直接排入灌溉水道、池塘灌溉農地用水，被稻米吸收，就出現鎘米（圖2）。台灣於1984年在桃園曾發生嚴重鎘米汙染，就是因使用受化工廠汙染的灌溉水之故，鎘的半衰期長達7-30年，疑似發生鎘米農地，依法強制休耕，如食用鎘汙染的蔬菜、稻米、地下水，鎘元素會從消化和呼吸道進入身體與蛋白質和低分子量金屬結合，停留於腎臟或肝臟會導致慢性鎘中毒，大部分的鎘會存積在腎臟中，太多的鎘堆積，會造成近端腎小管損傷，長久易形成軟骨症及自發性骨折引起一些難癒的全身病痛。

→對策：

鎘中毒後沒有立即有效解毒劑，也沒有任何有效的根治方法，只能針對病痛的症狀給予支持性、治標性的治療。以營養學角度研究，如每天食用6片以下大蒜，有助於將鎘元素由糞便排除。平日多吃綠豆湯、綠豆粥、綠豆芽，可解鉛砷鎘化肥及農藥等有害物質。

日常生活中要注意廢棄電池需分別收集丟棄作特別處理，避免造成環境鎘汙染。

（圖2）鎘米稻米

標準及規定

· 美國疾病控制與預防中心已將成年人的血鉛上限設為$10\mu g/dl$和兒童 $5\mu g/dl$。含鉛量的增加也可以通過紅血球的變化來檢測，或者透過X光觀察兒童骨骼密度，兒童的血含鉛濃度若超過40–45 µg/dl，需要接受治療。
· 在歐盟要求電子電器和電子產品中禁止使用汞。
· 在台灣有關食品衛生管理標準中，汞的最大容許量為0.05 ppm。

第三節
別讓清潔反而危害健康

常用食品及餐具的洗潔劑以及廚房廁所的清潔劑具有嚴重毒性，依據食品安全衛生管理法規定，用於消毒洗滌食品、器具、容器、包裝的物質等均屬於洗潔劑範圍，食品用洗潔劑成分有界面活性劑、抗菌劑、防腐劑、起泡劑、增稠劑、香料、著色劑等，大部分利用油水分離的化學反應原理以便清潔食品或器具，此洗潔劑對人體健康有危害但往往被忽略或不知。必須避免選用含有重金屬或有毒物質的產品（表一）。

（表一）有毒物質添加產品及危害影響

成　分	添　加　產　品
鉛	鉛的來源自來水管、化妝品、染髮劑、金屬擦光劑、電池，水晶，陶瓷釉彩
砷 俗稱砒霜	食物中海產（除魚類以外）含有機砷量最高，尤其是魷魚或魷魚絲（乾）零食。其它接觸到砷汙染農地或灌溉水的作物，以稻米最常見
螢光增白劑	常用於紡織製紙肥皂與洗潔劑中螢光物質
甲醛	常存在食用洗潔劑以及洗碗精中免洗筷、劣質內衣褲、洗染劑與臭氧起化學作用產生甲醛
月桂基硫酸鹽（SLS）	常添加牙膏或洗髮精中合成陰離子界面的活性劑可產生大量泡沫
抗菌劑壬基酚	目前市售大多數的洗潔力強的廚房洗潔劑、衣領精等產品的成分
殺菌劑三氯沙	用於個人衛生用品牙膏漱口水、洗面皂、抗痘清潔保養品、止汗劑、香氣肥皂沐浴乳、面霜等洗碗精、砧板、抗菌保鮮盒、菜瓜布、洗碗海綿等可謂無所不在且被濫用的化學物品

居家廚房或是浴廁經常用到有毒清潔劑及洗潔劑而不自知，如食品洗潔劑、餐具以及廚房清潔劑以及沐浴時使用沐浴乳等都需要特別注意其化學成分避免傷害皮膚（圖1）。

（圖1）浴廁清潔劑、碗碟洗潔劑

健康影響及設計策略

狀況1：

在日常生活中經常被忽略含有界面活性劑的不良洗潔劑產品，如洗髮水、清潔劑、殺菌和消毒等，都可能干擾人體內分泌系統。使用不良清潔劑產品會刺激鼻子、眼睛、喉嚨、氣管及肺部而引起哮喘發作，經常使用家庭清潔噴霧劑，也是可能導致成人哮喘的危險因素。一般洗潔劑可能含有的成分說明如（表一）。

危 害 影 響
1.對於人體腦部及周邊神經系統有傷害，也會造成肌肉無力的問題，尤其對於發育中的兒童造成智能下降，生長遲緩，聽力障礙的問題。 2.估計每天大約有50～900ug的鉛會從食物及空氣進入身體，居住在含鉛量高的環境人體可吸收高達1 mg。
1.是致癌物質可導致皮膚癌及肺癌還有烏腳病等，會引發咳嗽、噴嚏、胸痛、呼吸困難甚至咽喉頭水腫與消化道症狀等。 2.慢性砷中毒產生皮膚損害、皮膚乾燥症狀，初期可見丘疹、皰疹、膿皰及突入性皮炎、皮膚呈黑色或是色素沉著斑點或引起鼻咽部乾燥、鼻炎、鼻出血甚至鼻中隔穿孔、結膜炎、口腔癌、結腸癌等。 3.急性砷中毒會產生咳嗽、噴嚏胸痛、呼吸困難、咽喉水腫等症狀。如經過40至60天，患者將會在手指或腳趾上有白色橫紋然後發生毒性肝炎、心肌炎、腎損害、貧血、白血球減少等症狀。
一旦進入人體可能對人體造成細胞發生變異視為潛在致癌因子。
對人體皮膚黏膜危害很大，會導致慢性呼吸道疾病以及肝臟損傷等。
用時候可以起泡，但對乾性、敏感性皮膚具有刺激性，容易引起皮膚乾燥角質細胞，細胞膜受損毒性恐有致癌性毒性及復發性毒性等。
會影響免疫及神經系統。
1.因為三氯沙與混合戴奧辛是一種雌激素透過皮膚進入體內，日積月累形成腫瘤，導致賀爾蒙失調，長期使用也可能致癌。 2.還會汙染環境。

（林松洲）

→對策：

如習慣用市售化學產品，需注意不選用含有月桂基硫酸鹽類（Sodium Lauryl Sulfate：SLS）成分之洗髮精、沐浴乳，牙膏、洗碗精、清潔劑。改選月桂基乙醚硫酸鈉（Sodium Lauryl Ether Sulfate：SLES）產品毒性較輕，但因含有防腐劑、界面活性劑等（圖2），建議使用其它更安全方法如下：

1. 建議沐浴使用塊狀肥皂，因為多數沐浴乳含防腐劑，恐會誘發乳癌之可能，沐浴乳裡面有種叫做Paraben成分的防腐劑會造成皮膚病變、甚至乳癌。

2. 蔬果洗潔劑含防腐劑會影響健康，可先用清水沖洗掉蔬果表面的汙物，再加入少量洗潔精浸泡5至6分鐘，減少洗潔精的量濃度在0.2百分比左右就夠了，以免洗潔精過多，導致蔬果內含維他命流失營養價值下降，浸泡完畢後再用清水沖洗兩三次即可。

3. 餐具用洗潔精的時候，建議三種洗滌方式：

（1）將洗潔精用水稀釋成200至500倍濃度（約0.2%～0.5%）浸泡2至5分鐘，先用海綿抹布擦洗，再用流水清洗乾淨。

（2）洗潔精直接倒在海綿和抹布上沾取少量水後擦洗餐具，再用流動清水沖洗乾淨，此法洗潔效果較好，但需要帶橡膠手套。

（3）更方便的洗菜、洗蔬果的方式是用自來水洗浸泡時間10～15分鐘，不要超過半小時否則會讓維生素流失，讓含有餘氯的自來水來氧化分解農藥，可以讓蔬果表面殘留農藥洗得乾淨，建議使用不超過100 ppm的氯總量，具有飲水水質標準之清水清洗。

4. 使用無毒的洗潔劑替代品，例如：

（1）老祖母的洗碗法，以清潔效果佳又安全的肥皂作為界面活性劑，鹼性肥皂含有界面活性劑的成分，亦可用於去除油汙和灰塵的酸性汙垢如廚房磁磚、抽油煙機等。

（2）苦茶粉、苦茶渣等植物性產品，殺菌力強又方便的家庭環保洗潔劑，如洗滌用苦茶粉。

（3）無患子萃取液可用於洗衣機、洗碗機。其植物性皂素穩定性高，潔淨力及滲透力佳。此外佛教將無患子種子製成佛珠、念珠等驅魔殺鬼作用因此名為無患。

（4）檸檬水加檸檬皮、白醋可讓玻璃器皿光亮，檸檬渣加熱水可去茶垢，檸檬酸微酸性物質PH值為2.1屬於酸性，

果酸適合用來除鹼性汙垢如水垢、尿垢，又具有中和溶解洗淨、柔軟等作用，使用範圍很廣如浴室、廚房、衣物等清洗，建議用法將檸檬酸加入少許清水調合成糊狀使用，或將檸檬酸以15～20比1的比例調合成檸檬酸水使用即可，使用範圍包括浴廁地板、浴缸、洗手台、廚房水槽等取代清潔劑有除臭、清垢的效果。

（5）白醋為無害性化學物質，白醋所含醋酸成分屬於弱酸腐蝕性不強，可將白醋加水著量稀釋後直接使用，白醋可以去霉、潔淨砧板、鍋子等功能。

（6）小蘇打是弱鹼性沒有毒性，不會造成人體負擔及環境汙染，其用途可以擦地板、地毯去汙、洗衣、洗碗、通水管、清理瓦斯爐、排油煙機、冰箱除臭都可用。

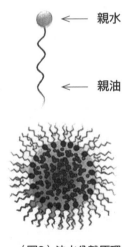

← 親水

← 親油

（圖2）油水分離原理

洗潔劑利用界面活性劑的特性，其分子結構一端為親油性（較易溶於油），另一端為親水性，具展著、乳化及懸浮粒之特性，意思是分子同時具有親油性（曲線）及親水性（圓圈）之基團，親油基部分（曲線）吸附在油性汙物表面，親水基部分（圓圈）吸附於餐具表面，使油性汙物與餐具之間的吸附力降低，清洗沖水後油與水分離，而去除汙物。（林松洲）

標準及規定

清潔劑、消毒劑，農藥，重金屬、有效餘氯限值範圍等，詳第三章第一節使用建材必知觀念「標準及規定」。

第四章

健康友善的社區環境

健康社區環境之社會性影響因素，

包括健康社區環境、

社交環境、高齡者友善環境等。

apter 4

第一節
健康社區的必備條件

我國都市計畫使用分區中，都市內大部分社區為住商混合使用形式，其特色是居所附近就有餐館、市場、健康中心、藥房、商業購物及其他服務設施，具有食衣住行便利採購，如健康食品、藥品、備品、器具、及餐廳、衣服等日常需求還有各種特色的市集、夜市供夜間飲食購物，非常方便，其優點是解決居民生活整體需求，缺點是住商混合造成生活環境不寧靜，交通秩序較混亂，都市發展受限制等。

規劃健康社區環境的思考點

■滿足食衣住行育樂生活需求

台灣住商混合社區在住所鄰近不到200公尺範圍內，就有公共汽車、購物便利商店、餐飲餐館等生活所需的設施。步行距離內就有各項服務設施如理髮店、洗衣店、乾洗店、銀行、警察局、消防局、郵局、公園、社區健康中心、托兒所等社區設施，滿足日常生活需求。

■便於採買有機無毒的食材

現在居家範圍步行距離範圍之內，應有銷售健康食品如聖德科斯生機食品超市，避免食用使用抗生素和激素飼養之肉品以及含農藥的農作物。研究證實使用萊克多巴胺的肉類，食用會導致人體心臟疾病應避免，以維護家庭及下一代子孫之身體健康。

■便利的社區交通系統

鼓勵多使用公共交通系統及騎自行車取代私家車交通模式，可減少空氣汙染及噪音，又可增加運動同時節約都市能源。都市可以提供自行車（YouBike）停放空間及通勤相關交通設施連結，如捷運站、公車站、火車站、社區公園、都會公園或商業廣場等，以創造鼓勵居民運動的環境。

■多元便利可選擇的公共交通工具

台灣的街道多屬住商混和或沿街商店風貌，健康社區應提供多元交通工具如

YouBike、公共汽車、捷運可供選擇，健康社區在步行範圍內應可抵達公共汽車站附設YouBike出租站，連結各社

區的公共汽車網路系統，以及捷運系統方便社區居民日常活動。捷運站附近可連結公共汽車站點（圖1），也可連結YouBike公共及私人自行車停放點（圖2），形成自行車網路、公共汽車網路以及捷運系統網路互相連結，達到社區居民最便利又經濟的交通方式。

■健身及兒童遊憩設施

台灣住宅公寓常提供體育鍛練空間附設健身器材，不受限於各種因素影響。依都市計劃原則，在距離居所600公尺的

（圖1）捷運站連結公車系統

（圖2）捷運站連結YouBike

步行範圍內，有校園的體育鍛練空間場所如健身房、健身中心或類似設施，供住戶使用。社區除人行道，公園和自行車道的方便性外，健康社區公寓住宅在步行距離內就有口袋公園或鄰里公園，免費提供居民及兒童作交流、休閒、運動之用。鄰里公園內範圍至少設有幼兒遊戲場（圖3）、兒童遊戲空間（圖4），設計注意要項如下：

（1）遊戲場地之要求有沙地或安全墊、木片覆蓋地面。

（2）鞦韆應有延伸到前後懸掛杆高度的2.5倍的安全材質覆蓋地面。

（3）遊戲場、溜冰場護欄注意安全尺寸。

（4）定期檢查遊樂場設備防止脫落腐朽並進行妥善維護。

■街道與人行道設計促進步行樂趣

住宅室外空間環境設計可鼓勵步行運動，包括街道照明、街道傢具、連續性人行道、安全整平騎樓，人行道美學及街道傢具設計，可增加行人走路的興趣，也可提升市民交流（圖5）。

■騎樓商店櫥窗設計

台灣多雨及住商混合使用的都市特性，建築面積法規獎勵下，大部分都市言街沿街設置騎樓作為市民主要通道，沿街

（圖3）幼兒遊戲場

（圖4）兒童遊戲空間

（圖5）街道傢具

騎樓商店往往設有美觀又藝術的展示櫃吸引市民，也成為平時一種休閒之處，沿街觀賞櫥窗成為一種鼓勵市民走路運動的方式（圖6）。

（圖6）沿街櫥窗

■促進互動交流的教育空間與軟體設計

社區營造居民資訊交流、友善溝通、多元參與之氣氛，提供高齡者日間照護、終生學習、休閒娛樂，規劃幼兒遊戲、親子哺乳空間，以及提供新住民、外籍新娘語言學習、職業教育等課程之友善空間環境，符合現代需求。

■防災與緊急救助設施規劃

台灣在政府大力宣導社區營造多年下，社區已經建立緊急救助體系及防災中心，支持緊急救援、防災、救災空間及設施設備，配合定期演練、增強溝通，平時讓居民瞭解當地情況和潛在危害，提供建築應急設備儲存用品、資料庫以及緊急通知系統與醫護救助機制，以符合居民安全生活需求。

第二節
營造健康交流的環境

健康社區需要有促進居民交流機會的環境，除了住宅公寓室內大廳以外，為促進交流，室外空間可依社區人口密度及行政區，提供半戶外空間口袋公園、鄰里公園、社區公園及都會公園等不同規模及功能之綠地廣場，各依不同規模設有不同項目之運動設施及活遊憩設施，供居民及兒童安全步行抵達作交流之用。社區住處步行距離內，至少有1處較大面積綠地空間，隨時開放給使用者交流休閒，綠地面積每個綠地都連接人行綠帶，形成社區綠網，再形成都市綠網，滿足居者各種活動之需求，此健康室外交流空間系統（圖1）。

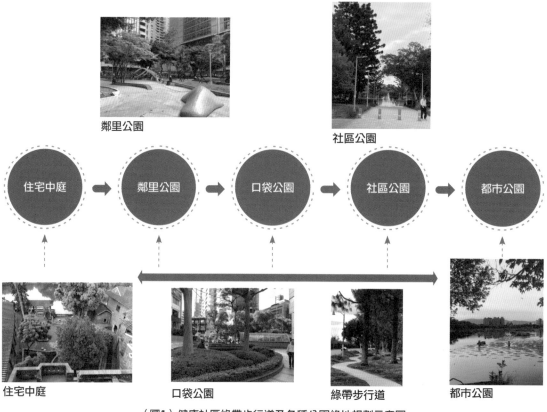

鄰里公園

社區公園

住宅中庭 ➡ 鄰里公園 ➡ 口袋公園 ➡ 社區公園 ➡ 都市公園

住宅中庭

口袋公園

綠帶步行道

都市公園

（圖1）健康社區綠帶步行道及各種公園綠地規劃示意圖

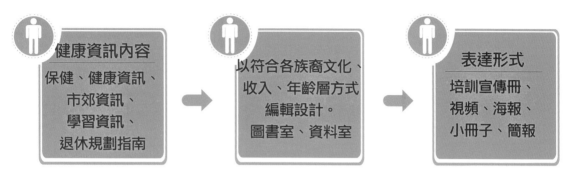

（圖2）健康資訊內容及表達形式

健康及課程資訊方便取得

台灣經濟發展後形成特殊社區人口結構，包括不同收入、少數族裔、外籍新娘及陸客人口等。健康社區應具備資訊取得之固定場所，如社區健康中心圖書室或資料室等便利取得位置，資訊至少包括社區不同多元文化族裔保健、高齡者健康資訊如（陳宗鵠，台北市，新北高齡者學習需求特性之探討，2006）、社交資訊、學習資訊及退休規劃指南等書籍，如《徐南麗的斜槓樂齡人生》（2020）有勵志性，告訴你如何過擁有「五寶」過快樂退休生活的寶貴經驗。健康資訊應涵蓋不同的健康課題，以符合多元居民需求，尤其是新住民族群，如大陸新娘，越南等東南亞移工及家屬等，提供符合文化習慣與需要的資訊及課程培訓（圖2）。

所有的教育材料，必須每年進行檢查，以確認資訊的時效性與需求性並即時更新。目前社區資訊常由鄰里長及辦公室提供一部分，可結合社區營造及社區健康中心、學校、區公所、教會等機構共同組織改造，幫助社區多元居民的資訊區得需求。目前台灣社區醫院診所提供經驗豐富且具有資格的醫療保健，如醫師、護理師執業者，已經實施為間歇性，經常性，緊急或其他疾病提供醫療新知及服務。

第三節
對全齡人都友善的環境

社區規劃目標是從住宅經過社區騎樓、過馬路、抵達公共交通系統且附設具友善條件的洗手間。所以從住宅抵達公共設施如捷運站、療院所，行政機構，文化設施及購物等過程，都能自主有尊嚴的行動抵達目的地（圖1）。至於建築環境的友善設計，對於身體不便的人群尤為重要，住宅內的臥室到服務空間如浴室、廁所、廚房空間，以及臥室到公用空間，應確保無障礙或可供輪椅通行；住宅外社區環境也要設置無障礙環境，其中首先需注意的是住宅出入口（dwelling accessibility）、公共建築空間（public accomodation）、室內外高低差（vertical hight）等，以確保通行無障礙。

註：詳陳宗鵠等內政部建築研究所88、89年騎樓及人行道路無障礙改善研究（圖2-4）

| 住宅 | 建築物室內動線、梯廳、樓梯、電梯通路、走廊、出入口等 | 建築基地室外動線、室外通路、坡道出入口等 | 都市人行系統騎樓、人行道 | 捷運站 |

（圖1）從住宅經由大廳、騎樓、人行道到達捷運站之全程無障礙流程

（圖2）騎樓及人行道改善照片

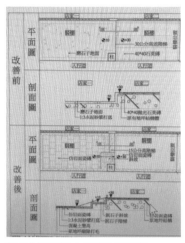

（圖3）騎樓及人行道改善圖例

（圖4）整平人行道騎樓

藉設計與科技之力「在家終老」不是夢

目前改造在宅老化生活社區環境，包括住宅、鄰里、社區之設施設備建構，以及配合醫護支援人力服務配備，也是社區營造當前重要工作。台北市政府曾做過一項統計，發現絕大多數的老年人都希望繼續住在自宅終老，因此，「在宅老化」是政府與民間企業開發老人住宅時不可忽視的重要訊息。

相較於大型集合式老人住宅思考方式，日本的老人住宅已走入故鄉化、社區化和小型化的發展階段，這類型的老人住宅往往只有10戶到50戶，對老人們而言，家鄉社區就在他們的家，而並非陌生的環境，有點類似「在鄉老化」。由於國人在宅老化與安養的道德觀念仍根深柢固，偏愛三代同堂，認為有歸屬感，因此仍是退休老人較理想的選擇。若選擇與子女同住，「有點黏又不會太黏」的「三代同鄰」概念是最符合台灣市場需求重點。

從歐美、日本的成功經驗，我們看見「在宅醫療照護」已是全球趨勢，而台灣在2025年將會邁入老年人口占總人口20％的超高齡社會，如何因應這個巨大的轉變，做出最好的應對，將是台灣下一步必須思考的議題，透過利用現代成熟科技產品就能解決的設計，成就「在家終老」的目標。

（圖5）客廳無障礙空間

（圖6）餐廳無障礙空間

（圖7）臥室無障礙空間

創造在宅老化的友善環境

在宅老化住宅應具備友善環境包含住宅室內空間、戶外活動空間及公共建築物活動環境的友善環境。其室內設計項目包括無障礙通路須作輪椅動線規劃，項目如室內通路走廊、出入口、坡道、扶手、昇降設備、輪椅升降台等，空間進出口包括樓梯、浴室、廁所盥洗室、升降設備、停車位等，地面及進出口高低差、門把、扶手、化妝室、廚房、餐廳、客廳、起居室、臥室等室內無障礙空間及通道（圖5-15）。

有關室外動線無障礙設施及環境周需要健全完整，讓高齡者或身障者能由家裡獨立有尊嚴行動，經騎樓到捷運站或公共服務空間（見第144頁，圖1）。

（圖8）木裝廁所無障礙空間

（圖9）磁磚廁所無障礙空間

（圖10）走廊無障礙空間

（圖11）浴室無障礙空間

（圖12）浴廁無障礙空間

（圖13）樓梯無障礙設施

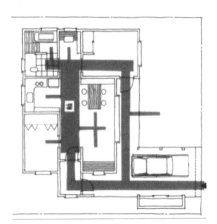

（圖14）輪椅動線規劃

（圖15）樓梯扶手

（圖16）廚房易滑磁磚鋪面

（圖17）浴廁易滑又冰冷磁磚鋪面

廚房、浴廁為高齡者
易滑危險空間

高齡者常在浴廁、廚房這兩種空間滑倒受傷，因使用時動作較多樣，加上慣用磁磚作為廚房地板，常易灑水在地板鋪面容易滑倒屬於危險空間（圖16），尤其是高齡者夜間上廁所滑倒而產生嚴重意外時常發生，又因環境潮濕且連通管道間汙廢氣容易滋生細菌、黴菌產生壁癌非常難處理，另浴廁地板常使用磁磚材質較冰冷，早上使用時雙腳踏去感到冰涼不舒服如（圖17），尤其高齡者冬天腳部需要保暖，設計時需考慮腳底觸感溫暖、防濕、止滑又無毒的替代產品。

■設計對策

（1）材料使用

台灣朝濕，住宅設計走廊連通浴廁地板常用石材地板，夜間上廁所尤其容易滑倒（圖18），使用木質地板又無法抵擋朝濕環境，需使用防水、防潮又不冰冷的地板材質，可考慮石材塑料複合材料（SPC）簡稱為石塑地板（圖19-20），屬於PVC地板的一種。石塑地板材料使用環保配方，不含重金屬、鄰苯二甲酸酯、甲醛、甲醇等有害物質，也可解決受潮、變形、霉爛的問題。具有防水、低價、防滑、耐磨、防刮、拼接簡單施作容易、導熱保暖、減噪抗菌等特性，適用於住宅室內浴廁及廚房。

（2）照明設計

廚房、浴廁及連通走廊空間設計，需要注意照明燈光的亮度及照明方式。廚房空間需有足夠照度，至少100Lux以上。浴廁空間至少50Lux，如有使用輪椅，需使用斜角鏡面並至少150Lux鏡前照明。由臥室通往浴廁或廚房通道，需要安裝投射地板低夜燈，引領方向。

（圖18）浴廁連通走廊易滑磁磚鋪面

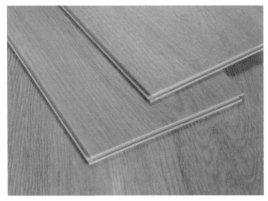

（圖19）石材塑料

（圖20）石材塑料榫接

第四節
公寓社區健康環境

健康社區需要全體居民有健康共識共同維護健康環境，避免選擇菜市場，娛樂行業或是汙染環境行業作鄰居，以保持社區安全及衛生，公寓社區內居民更應互相關心社區環境安全及衛生的空間使用方式，社區應制定健全規約規範管理委員會正常選舉及運作，規範全體區分所有權人使用空間方式以維護全體居民健康權益，都市公寓應避免單一所有權人開設影響其他居民安全及健康的行業或不當空間使用。消費者於購屋前事先做勘查選擇或事後制止所有權人不當使用空間情形。

外送廚房成居安隱憂

住宅公寓單一居民對自己所有全空間用途行業不能影響其他住戶權益，例如作者居住台北市東區公寓，有單一住戶在地下室開設尚未規範外送餐點的「中央廚房」卻違背事實以「餐廳」名義申請通過審查，聚集非常多爐火形成公寓大樓火災未爆彈，33個廚房烹飪會產生油煙向上排放，對公寓社區居民健康威脅甚大，公寓使用電梯及社區停車位等也會受到排擠，將嚴重妨礙居民生活安全及衛生環境以及生活品質。

經查此類營業屬「即食餐食製造業」，核屬「C-2工廠」應開設在工業區，不應開設在「住宅區」，施工時可見其巨

（圖1）外送廚房巨大油煙通風管

大排煙管，會造成營業時間嚴重汙染；外送廚房巨大油煙通風管（圖1），此類新興行業將會在都市內快速發展，會嚴重影響居民健康環境，政府行政機關及都市市民應特別注意防止，居民事先未知，市議員事後召開記者會反對（圖2）工業區的外送廚房設置在住宅區。

（圖2）市議員召開記者會反對工業區的外送廚房設在住商區

■對策1

公寓大樓管理條例第5條及第16條規定，區分所有權人對專有部分之利用，不得有妨害建築物之正常使用及違反區分所有權人共同利益之行為等。

按公寓大廈管理條例第16條第1項、第5項規定，住戶不得任意棄置垃圾、排放各種汙染物、惡臭物質或發生喧囂、振動及其他與此相類之行為，違反時，管理負責人或管理委員會應予制止或按規約處理……

又公寓大廈管理條例第36條第5款、第48條第4款規定，管理委員會具有制止住戶違規情事及提供相關資料之職務，管理負責人、主任委員或管理委員無正當理由未執行前開職務，顯然影響住戶權益者，由直轄市、縣（市）主管機關處新臺幣一千元以上五千元以下罰鍰，並（得）令其限期改善或履行義務、職務；屆期不改善或不履行者，亦得連續處罰之。

■對策2

區分所有權人應訂立完整社區管理規約，規範管委會執行社區管理事務的規矩及依據，周全的社區管理規約，應該可杜絕管委會執行管理時的偏頗行為，如未代表全體住戶權益以及單一社區居民不當使用影響其他區分所有權人權益之行為。

■對策3

現在公寓社區的管理因人的因素非常複雜，經常發生因為個人或小團體利益立場而有選舉作票配票以及採購等違反道德及規定的行為，如此管理委員會失去代表全體住戶的性質，不以居民利益作為考量為前提，使得社區居民生活不得安寧，沒有安全感又不健康。這種情形需要全體居民多參與看清事實，勇於參加與表達，將劣幣驅除。

規定及標準

建築技術規則設計施工篇
——第十章無障礙建築物
——第十六章老人住宅
公寓大廈管理條例第16條第1項、第5項及相關規定

第五章

心理性環境影響因素

包含空間色彩能量、音聲療癒、空間格局感受、

堪輿黃曆風俗、修養與修行環境、

補充能量環境等因子所對應之設計及使用策略。

apter 5

前言
讓身心靈平衡的健康綠住宅

現代人隨著知識及經濟增長，人人追求
身心靈健康居住環境，健康內涵也由
外在具象之功能性需求如物理性、化學
性、生物性等物質環境需求，逐漸轉化
昇華到兼具內在抽象的心理性居住環境
品質。外在及內在的居住環境有如人體
組成一般，具有實體的五臟六腑及虛體
的精神靈魂，一體兩面、互補互生、密
不可分。我們在全力追求外在物質環境
之時，往往忽略營造內在心理健康環
境，如此虛、實相距漸行漸遠。長期焦
慮、沮喪逐漸引發實體病情，因此我們
需要居住在健康氣場的住宅空間裡，再
進一步說明，氣場能如水晶能量般穿梭
虛實陰陽，進入虛空作能量交流，經由
人體經絡穴道感應空間氣場的特質獲取
身體能量，解除疲勞又能安心安神。

當你心理寧靜，頭腦沒有希求與不希求
的想法時，腦內阿法波會逐漸消失進入
西塔波呈現入定狀態，此時身體所有細
胞回歸原本自具的療癒功能，身心恢復
生下來本就具足全方位健康圓滿狀態，
在此狀態下可隨時接受宇宙能量，就是
隨時充電的能量充足不會生病狀態。

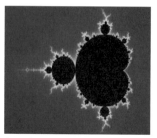

（圖1）碎維圖形

（圖2）個體自我相似如曼陀羅圖形

健康的住宅設計需要營造能集氣、能
聚氣的空間元素、佈置及序列空間格
局，以獲得身心靈健康。

住宅之色彩能量、音聲療癒、空間感
受、堪輿與黃曆、修養與修行、補充
能量等心理性因子皆為頻率共振原
理，讓人體小宇宙與大宇宙虛實陰陽
互動，頻率互相感應達到順應自然，
融入東方「天人合一」宇宙觀的住宅
環境裡，身體內各種系統訊息波頻率
的互動運作與宇宙各星球秩序運轉具
有引力牽引關係一樣，整體系統與個

別系統達成「同調狀態」或「諧和狀態」。其原理是從宇宙或身體的大小尺度觀查，都有相似的基本規律類似「碎維圖形」（fractals）的個體「自我相似」（圖1-2）身體就會健康。

具體舉例如住宅院落或公寓陽台是室內空間與大自然元素頻率及氣場互相感應的通道，透過院落引入自然環境的元素及氣場到室內空間，可促進健康，也讓我們的味覺、視覺、嗅覺、觸覺、觸覺及聽覺等「五感」與大自然頻率相應（圖3-7）。這種感應會影響心理性愉悅感及自我存在價值感，順應自然的領悟也可進一步讓我們放下外界無窮物質慾望，專注心靈自性的平靜的瞬間感受，達到「覺知」自然的領悟，進入完全放鬆的心平無我心態，身體自然會得「氣」，這瞬間會啟動身體復原療癒機制，讓身體恢復健康。現代人如何打造好氣場空間，運用集氣、聚氣以及調氣的技術，設計使人「身安」、「心安」、「靈安」的健康好宅，讓你天天補充能量，越住越健康，是新世紀住宅設計的大趨勢，也是本書努力的重要目標。

（圖3）觸覺

（圖4）視覺

（圖5）味覺

（圖6）嗅覺

（圖7）聽覺（張大千《聽泉》）

第一節
空間色彩能量

色彩是一種光，一種能量，色彩是通過眼、腦和我們的生活經驗所產生出一種對光的視覺能量效應。人對顏色的感覺不僅僅由光的物理性質所決定，還包含心理性因素，我們的生活無時無刻都受色彩的影響，我們以色彩做夢，也以色彩想像我們的世界，每一個人四周都散發著看不見的色彩訊息，這些訊息色彩會隨著我們的心情、感情而改變。本節空間色彩能量內容，包括色彩能量及心理感受、設計使用策略、住宅空間色彩規劃舉例、案例實證等，將於各小節中詳細說明。

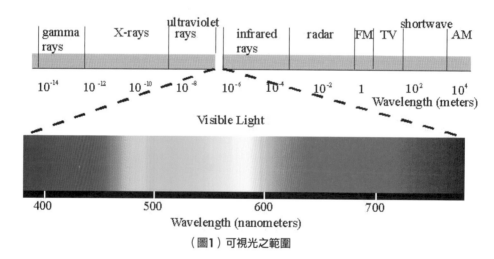

（圖1）可視光之範圍

色彩光子也稱做大氣能量的粒子，當這些光子撞擊到空間牆面物質時，不是被吸收就是反射出我們所看見的顏色，假如將可視光波長以強度排列，可呈現七種顏色：紅、橙、黃、綠、青、藍、紫（圖1）。各種色彩具有不同頻率及能量（表一），如紅色頻率是每秒480兆赫茲，波長在625nm至740nm之間，在空間上使人感受較大能量，而紫色頻率每秒790兆赫茲，波長在380nm至440nm之間使人感受較低能量。不同頻率及波長產生不同能量，對人體

亦會產生不同心理感受，所以設計住宅以前須先了解住宅每位成員身體的寒熱暑燥之屬性，使用不同顏色能量特性，選擇適合全家屬性能量顏色規劃住宅空間，並依各個成員屬性能量顏色規劃個人空間，讓使用者感應能量共振的顏色，產生舒適又充電的住宅空間。

（圖2）開窗引入自然綠意可舒緩視覺

（表一）可視光之顏色、波長及頻率

顏 色	波 長	頻 率
紅 色	約625～740 nm	約480～405 THz
橙 色	約590～625 nm	約510～480 THz
黃 色	約565～590 nm	約530～510 THz
綠 色	約500～565 nm	約600～530 THz
藍 色	約485～500 nm	約620～600 THz
靛 色	約440～485 nm	約680～620 THz
紫 色	約380～440 nm	約790～680 THz

色彩能量及心理感受

紅色：代表活力、意志力、激情能量，年輕、青春、孩童喜愛顏色。

橘色：暖色系顏色頻率較短，較會刺激交感神經，激發食慾，代表好情緒、創造力、互動及有利社交等，公關事務屬性顏色。

黃色：黃色對應身體第三輪，即臍輪，代表開朗、樂觀、知識、霸氣、自信和意志力。

綠色：中間色具有最舒緩效果，代表耐心、專注與適應能力，如住宅空間被綠色圍繞也可維持舒緩狀態（圖2）。

藍色：代表直覺、內斂顏色、和平與寧靜。頻率較長讓人放鬆的顏色，淡藍淡白色常被用來襯托食物的食材顏色，常用在食器。

紫色：代表夢幻、歡樂、輕鬆、柔軟的能量，屬於藝術家喜愛顏色。

健康影響與設計訣竅

■如何規劃健康色彩環境

現代都會區的人白天生活處在緊張工作之氣氛環境中，晚上回家需要排除緊張焦慮心理狀態獲得心理上休息及滋養。如何利用空間環境之色彩能量幫助舒緩神經壓力，已成為現代住宅建築重要的課題之一。（陳宗鵠等，2016）

（1）彩度、明度、照度及材質反射率需適當規劃

基本上地板反射光、牆壁反射光與天花反射光的比例，分別以20％、30％與50％為原則，因大部分光線來自天花板，較不會直射眼睛。人在行進時眼睛常著看地上，地板不宜太亮或反射光太強會造成眩光很不舒服，尤其是高齡者空間的地板反射光太強造成眩光會有安全之虞。

（2）選擇適當色溫的燈具空間照明

由於白天的自然光源屬於較高的色溫，到了黃昏屬於低色溫，人類的大腦在高色溫照明下比較有精神，在低色溫的照明下比較紓壓感覺，使大腦會認為應該睡了。照明設計可依照時間及空間性質調整色溫高低為最精緻的健康光環境，夜間生活空間如臥室就要選擇低色溫的紓壓色彩，客餐廳、書房閱讀工作的房間，可選明亮一點的高色溫容易集中精神。不同色溫會對人的心理感受有影響，例如暖色可以給人溫暖浪漫的氛圍，而冷色會現出清涼理性的感覺，規劃時可依個人喜好或空間性質作色溫選擇，一般光源的色溫分成四類（圖2-9），可使用在住宅房間，整理如下（表二）：

（表二）光的類型、色溫、說明及適用空間

類型	色溫	說明	適用空間
第一類 白色光	日光色，清晨色溫在 7,000K～8,000K左右（圖2～3）	接近日光，有清新感覺	可用於早讀書房、靜心瑜珈空間
第二類 冷色光	黃色光，中午色溫在 5,500K～6,500K左右（圖4～5）	接近自然光，有明亮的感覺，可使人精力集中	可用於書房、工作房空間
第三類 暖白光	傍晚色溫在 4,000K左右（圖6～7）	使人有愉快、舒適、安祥的感覺	可用於客廳、起居空間
第四類 暖色光	暖光色，黃昏色溫 3,000K以下（圖8～9）	與鎢絲燈光色相近，以琥珀色或紅光成分最適合休息睡眠，給人溫暖舒適的感覺	可用於臥室、浴室休息空間

■第一類白色光

（圖2）清晨5點8,000K左右

（圖3）上午6點7,000K左右

■第二類冷色光

（圖4）上午11點6,000K左右

（圖5）中午12點5,500K左右

■第三類暖白光

（圖6）下午2點4,000K左右

（圖7）下午3點4,000K左右

■第四類暖色光

（圖8）下午5點3,000K以下

（圖9）下午7點2,000K以下

照明色溫規劃

（1）室內照明設計不宜使用色溫4,000K以上，避免使用色溫5,000K以上產品。例如五星級飯店房間皆使用色溫2,700K到3,000K之間，不會使用色溫3,000K以上燈具，且不會使用嵌燈，多用檯燈，避免人躺在床上時天花板嵌燈直射眼睛。

（2）書房或工作房可使用色溫3,000K以上燈具，可促進分泌皮質醇，激發精力集中精神工作。

（3）臥室等睡眠休息空間儘量使用暖色光，避免使用藍光較多的冷色光有助睡眠。

（4）老年人燈光亮度（照度）需要年輕人的兩倍。

室內引入大自然色彩及質感

住在都市鋼筋水泥的叢林中生活，容易使身體五感（觸覺、視覺、味覺、嗅覺及聽覺）與大自然環境隔絕，都市公寓中想要居住方便又可享有大自然環境條件，只能在有限的居住空間中，自行創造與大自然交流之方法，最有效的方式是保留綠化院落空間，或尋求一個外牆位置開窗借用大自然室外景觀，也可以在室內安排綠色盆景或造景方式，如無法開窗的空間如地下室也可在牆上貼上綠化風景圖配上光線投射到牆面，讓室內產生綠色視覺感等。

綠色容易讓人聯想到大自然，一般生活在都會區的民眾，絕大多數患「綠缺乏症」應多看大自然中的綠色可舒緩壓力。這也是我們生活在現代都市化住宅中，盡量尋求與綠色相伴的原因，室內規劃與大自然的色彩及質感元素互相流動，能夠讓大自然頻率與我們的視覺感官頻率取得共振，可紓解工作壓力並獲得療癒的效果（圖10）。住宅房間色彩規劃時，還須考慮各種不同能量色彩與不同空間使用者之屬性是否能搭配，應分別製作客製化色彩，至於全家共用公共空間須歸納共同可接受或以互補方式決

（圖10）引入大自然色彩及質感

色溫
是物體顏色會隨溫度變化而發生相應變化的現象，以開爾文（K）為色溫單位，可理解為「光的顏色溫度變化」。

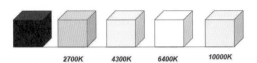

一般常見照明燈具色溫選擇	
1,800K	燭光
2,700K	鎢絲燈（日常家用燈泡）
3,000K	鹵素燈
4,000～4,600K	金屬鹵化物燈
5,500	電子閃光燈

定使用色彩，促進全家人視覺舒適也可滿足各體房間的不同屬性的色彩需求。

選擇自然環境色彩及材料質感作為室內空間色彩規劃，透過與自然視覺交流，可獲得語言無法企及的最佳心情及思考幫助，設法與大宇宙頻率取得共振獲得宇宙能量，可多利用大自然材質幫助能量活化增加大腦思考力。設計時可以用綠廊或陽台或轉角空間作為室內外綠化的緩衝空間，植栽花草綠葉增加綠意取代以前「院落」的部分功能，讓感官與四季變化及植物生長歷程共處，與自然材質互動溫暖的觸感（圖11）。

視覺對自然木材質感比人造水泥磚塊有感情，外觀之木紋的粗細、間隔、方向等與人造的整齊劃一材質完全不同，因為光線照射後會朝著各個方向反射而分散，木材有可以吸收紫外線的特質，所以會產生對眼睛比較舒適的光線，以反射率來説的話，眼睛帶來的舒適度約

50％～60％左右，所以只有大自然創造出來的材質有此效果。

嗅覺可聞到自然木材香氣，香味就是香精，如檜木與杉木裡面含有精油成分芬多精（樹如果受到傷害或是微生物的攻擊，而散發出來的揮發性物質），可以消除壓力、降低血壓與脈博，讓人放鬆身心、具療癒效果（圖12）。

自然木材有溫暖與柔軟的觸感，與水泥及鋼筋混凝或膠合板之觸摸感受完全不同，木構材質的傢具、裝潢會讓人感受到舒適、溫暖、典雅、精緻、柔和及自然連結感，也比較有安全感。

（圖11）室內引入綠化庭園風景

（圖12）室內客廳木質裝潢香味

聽覺身處寧靜的空間，木材可以均勻地吸收低音到高音，去除不長不短的迴音，創造安靜又自然的空間。木材製作建材，東西掉落或是撞擊之後的震動，有別與鐵或混凝土，發出柔軟的聲音，使五感與大自然融合而感到「自然」「親切」「存在」的感覺，創造視覺舒適住宅環境。

此外在生理上，自然材質還具有療效，如台灣檜木醇含有Cineole成分，可供生理消毒劑，殺滴蟲、霉菌、防止皮膚騷癢及感染防腐劑（B.P.Tokin），台灣檜木醇對頭皮癢、皮膚炎、皮膚過敏、香港腳等，具有滅菌止癢效果（Dr.Schilcher，1985），台灣檜木醇對抑制黃色葡萄球菌有效果，其病變如呼吸道、引起敗血症及瘡癤膿等皮膚感染（日本國立小兒科病院飯倉洋治院長，09/15/1993）。

目標效果住宅空間色彩選擇

如何選擇空間色彩達到不同的目標效果如「大地諧和」、「環保意識」、「自然印象」、「心平氣和」、「安定清新」、「返樸歸真」、「家庭和樂」、「親密關係」、「恬靜怡然」的心理感受，統籌所有空間色彩系列促成集體目標，使用後定能獲得心理滿足，促進身心健康。

（1）與「大地諧和」的自然色彩

就如地球包容人類的感覺，如母親對小孩般溫柔愛心，讓使用者感受到大地的氣息、安定心神的住宅，在色彩選用上，可多使用茶色或咖啡色大地色彩系列，若想要具有生機蓬勃的自然氣息，可再配以綠色系統色彩，大地色彩系列如（圖13-14）。

（2）與「環保意識」相應的色彩

就如生物與環境共存依賴的關係，廣泛來說就是人類與自然間具有溫和親切共生共存的關係，利用明亮、清爽色彩與自然界「中間色彩」的配合，以水藍色和灰色的組合為主調色彩，如此可以表現處在環保意識的色彩環境意境如（圖15-16）。

（3）具「自然印象」的環境色彩

可給使用者有大自然親切感，通常是以自然元素或五行色與中間色彩灰色為主軸，使用者有安心感的色彩的效果如（圖17-19）。

（4）含有「心平氣和」的自然色彩

具有穩重又讓人感到幸福的色彩，選用紅、綠色以及綠色系為中心進行配色，宜使用彩度低的色彩，適合應用於現代住宅環境給人有安全及和平穩定的感覺如（圖20-21）。

（圖13）咖啡色主色調　　　　　（圖14）藍綠自然色

（圖15）灰色自然中間色　（圖16）水藍自然中間色

（圖17）自然元素中間色　（圖18）灰色中間色主色調　（圖19）灰色建築與綠色植物

（圖20）低彩度綠色　　（圖21）綠色系配色

（圖22）較高彩度綠色

（圖23）綠色主色調

（5）讓人「安定清新」的自然色彩

使人感覺有開朗的心情，在選色上以清新色彩為主軸，使人感覺清新的視覺感受，讓使用者有心情舒暢的效果，若配以彩度高的綠色做色彩變化，可使現代住宅環境空間具有活力的生命動感如（圖22-23）。

（6）「返樸歸真」的色彩

與自然元素相應，接近自然的顏色，不具有任何刺激性色彩，利用溫柔的色彩感覺，色彩選用上盡量避免彩度高的自然顏色，宜用中間色彩為主軸進行配色，藉由灰色系強調樸素感覺，住宅設計需要控制配色的對比，注意宜抑制動感或互補色彩的出現，讓整體空間有樸實的感受如（圖24-25）。

（7）具有「家庭和樂」的自然色彩

使空間具有溫暖的家庭聚會氣氛，表現家庭和樂的感受，此類色彩應用非常的廣泛，在健康心理性上，讓使用者有親切感，可以用紅色系或深棕色系，以明亮色彩為主色調，再配以黃色和綠色有效的變化安排色彩環境如（圖26-27）。

（8）「親密關係」的自然色彩

在住宅起居室空間顏色的選用上想加強溫暖的感覺，彩度高的橘色與綠色系是可選用的色彩，比「家庭和樂」的色彩更為濃郁，此類顏色為可觸動人心的空間色彩，需注意以明度低、不刺激的色彩為主要的基本色調如（圖28-29）。

（9）「恬靜怡然」的自然色彩

讓人有溫和休閒的感覺，如果以季節來做比喻，就像是春天的感覺，讓使用者沒有強烈干擾心情的印象，但可以使人有心情舒爽的心理性效果，在住宅顏色選用上，宜以明亮的暖色系與黃綠色為主調，如要表現稍強烈些，可配合使用橘色系，如想要表現溫柔一點，則可以配合使用綠色系色彩如（圖30-31）。

（圖24）低彩度自然色

（圖25）灰色主色調

（圖26）紅色自然色

（圖27）紅色調

（圖28）粉色自然色

（圖29）橘色自然色

（圖30）明亮春天自然

（圖31）黃綠色主色調

現代住宅應用中華文化五行色

中華文化的「五行」對應「五方位」及建築「五行色」（圖32-35）是非常受世界潮流重視的建築色彩，現代居家生活接觸到空間環境等一切都追求文化含義，結合文化根源以提升心靈感受的住宅環境成為現代世界主流發展。中華悠久文化發展過程中，認為五行是產生自然萬物本源的五種元素，黃帝之後各朝代根據「陰陽五行」學說推動天下一切事務，五行的順序為木、火、土、金、水，分別對應青、赤、黃、白、黑，既是方位象徵也代表人體的肝、心、脾、肺、腎五臟顏色表徵，同時為四季顏色象徵。前秦時代把四季冠以色彩名稱及方向象徵。春為青，夏為赤，大地為黃，秋為白，冬為黑。青主東守護神為青龍、赤主南守護神為朱雀、黃象徵中心大地，白主西守護神為白虎，黑主北守護神為玄武。其使用色彩與方位、五行、五臟及四季運轉相互連動觀念，深深影響中華建築規劃及環境元素設計應用，一般民間皆習慣接受此文化色彩，現代建築設計應用上，也形成文化與自然的表現。

（圖32）五行色青色

（圖33）五行色紅色

（圖34）五行色黃色

（圖35）五行色黑、白色

■五行色在現代生活的應用

（1）青色（含綠色及藍色）

波長約在500～565奈米間，冷色（中間色），中華傳統文化用青色形容草木外，心中也象徵著生命力的內涵。

→現代生活應用

「青」字顏色不僅是指色彩，青字在辭海裡的說明是「春天植物葉子的顏色」

舉例如青青河畔草、踏青等用法，象徵著生機勃發的春天。

（2）紅色

波長約在 625～740奈米間，呈暖色，能量強，自古以來紅色就是色彩的代表，在民間象徵吉祥喜慶。

→現代生活應用

它代表尊貴、喜慶、熱鬧、活潑、年輕等，紅色也常讓人有溫馨的懷念，中外皆同。

（3）黃色

是中心色，波長約在565～590奈米之間的暖色，象徵大地的顏色，土具有力量和富有的意義在裡面，是居中位的正統顏色，為中和之色，位居諸色之上，被認為是最美的顏色。

→現代生活應用

適用於餐廳、玄關公共空間等。不過黃色較會刺激神經系統不宜多用在休息空間如臥室，容易造成精神上無法放鬆，對於失眠，精神緊張，用腦過度的人建議少用。

（4）白色

在中國古代色彩觀念中，具有多義性。「五行色」將白色對應金色，證明中國古人感覺到白色象徵著光明，列入正色，表示純潔、光明、充盈的本質，古時皇帝秋天的時裝是白色，因為中華五色系統中正色表示五色中秋天的顏色。

→現代生活應用

白色是最明亮的顏色，是反射全部的光波所形成的，是「自由」「純潔」的象徵意義。

（5）黑色

於中華文化五色中視為一種正色，在《易經》中被認為是天的顏色。「天地玄黃」之說源於古人感覺到的北方天空長時間都顯現神秘的黑色，他們認為北極星是天帝的位置，所以黑色在古代中國是眾色之王，也是中國代史上單色崇拜最長的色系，古代中國的太極圖，以黑、白表示陰陽合一，為萬物生成之本。古代秦始皇建照兵馬俑暗藏「黑白赤黃青」五行密碼統一天下。

→現代生活應用

黑色是全部的光都沒有反射出來而全被吸收成為黑色，它的特點是嚴肅、正式、高級、穩重、科技感，也被認為是最有內涵的顏色。

■五行色在歷史建築上應用

不同的文化對顏色的定義各自不同。在中國文化的五色色中，青色被看做是藍色或綠色的一種，黃色、綠色應該是在

所有的朝代經驗上都具有共識的。唐以前公共建築基本上都是白牆、紅柱、灰或黑瓦的屋頂，配上彩畫斗拱、門楣、樑柱等。宋代宮殿常設白色台基，黃、綠色的琉璃瓦屋頂，赤色的牆柱門和窗等。元、明、清代建築彩畫開始分類等級制度，以上都可說明各朝代都使用五行色作為公共建築主要應用顏色（圖36-37）。

（圖36）黃色、紅色、白色用於歷史建築

（圖37）黃色用於歷史建築屋頂

■五行色在現代建築的應用

溫和、穩定的自然環境元素色彩與質感，是另存涵義高尚色彩，我們生活建築環境中，空間表現顏色產生心理作用是非常重要的，人對顏色的感受還有許多特別的習慣。現代建築往往在選色時只選用少數幾種彩度高、表現張力強的顏色希望吸引人目光，但我們的眼睛已經習慣大地環境溫和自然色彩，會習慣將未選上的灰色或其他中立的「無色之色」，看作表達溫和、穩定與自然共振

（圖38）無色之色應用在現代建築

（圖39）自然色彩用於現代建築

的元素，反映和諧自然、環保意識、自然印象、心平氣和的氛圍，這種自然環境元素相應的色調，例如水泥、砂石、木材、海洋及黃土等是我們心理追求的安定感。現代建築應可將此「無色之色」作為建築之環境對比顏色或成為建築大面積主色調與大自然同頻，可表現簡約、樸真的建築意象，會帶給居住者心理安定、安心、靜心又高雅的感覺，無色之色在現代建築的應用（圖38），自然元素色彩用於現代建築（圖39）。

住宅空間色彩規劃舉例

住宅本體本是自然環境宇宙信息的接收器，居住者的身心感受會在自然的四季運轉中協同作用進而獲得能量，先進的設計師似已領悟此一特點，從室內色彩計劃著手，將四季色彩以裝修材料、傢具、軟裝交互佈置呈現，更有貼心的設計師裝修前會先瞭解居住者的個性是熱情的或穩重的，進而與春、夏、秋、

冬四季色彩個人屬性結合，配以客製化的色彩設計，再與四季自然環境色彩結合，使人時時刻刻感受到沐浴在大自然之中。

■臥室空間

常使用藍色，是可以穩定情緒進而降低血壓使人冷靜下來的顏色，想要進入夢鄉宜善用藍色（圖40）。與顏色同樣重要的是照明控制，臥房的顏色會影響褪黑激素（melatonin）的荷爾蒙分泌，褪黑激素是引導身體自然入睡的荷爾蒙，假使受日光燈照射，會導致體內褪黑激素分泌受到抑制難以成眠，建議臥房避免床頭上方天花板嵌入LED燈具，較適合採用40瓦以下，如五星級飯店臥室的間接照明（圖41）。

（圖40）臥房採用藍色有助睡眠

（圖41）臥房採用間接照明設計

（圖42）學齡前兒童房可以多變化色彩刺激兒童學習

■兒童房

孩童對於色彩喜好會隨年紀成長而變化，多數小朋友偏好黃色的原因，與眼睛的發育有關，出生後2到3個月期間嬰兒，可以區別紅色與綠色或紅色與黃色，但他感應藍色的視錐細胞尚未發育完全，暫時還看不見藍色，臥室避免使用藍色。出生後約4個月大的嬰兒開始發展出區別藍色與綠色以及黃色的能力，約6個月以後幾乎與大人具相同色彩的辨識能力。

出生後6個月大左右的嬰兒，觀察色彩的能力比觀察形狀更敏銳，這個情況會維持到4歲到5歲左右，過了這個年紀，對形狀的敏感度才會逐漸提升，建議在這個年紀的兒童房間，以多樣化及多變化顏色為主（圖42）。

■高齡者（孝親）房

空間宜明亮，色彩上宜用暖色光系列為主，不要遺留陰暗角落空間，室裝以自然材質裝修為佳（圖43），浴室、置物櫃以及傢具特別須留意人體工學之使用高度，避免高低不平底地板（圖44），客廳、餐廳、浴廁空間須留足夠通道供輪椅操作。若空間能被粉彩色或褐色圍繞，可維持舒緩狀態。

■客廳

粉彩色客廳具紓壓效果，將腦波從緊張工作之唄塔波（BETA），回家坐在客廳轉換成阿法波（ALPHA），準備就寢（圖45）。客廳光線規劃上，盡量使光線通透但要避免直射光或眩光，可使用透光材質產生柔和室內光線又有節約能源之效果（圖46）。

（圖43）孝親房暖光色

（圖45）紓壓粉彩色系

（圖44）孝親房考量人體工學尺寸

（圖46）客廳柔和採光

■餐廳

餐廳的主要功能為增進食慾，也是全家下班，放學聚會交流分享的空間，宜選用溫暖，開朗、愉悅、光明的心理作用之色彩。光線尤其注意需照明桌面食物，避免直射用餐者眼睛，維持可看清對方身形及臉龐的照明（圖47）。其色彩選擇亦以中性偏暖色為宜（圖48）。

■書房

閱讀需要寧靜及安定色彩空間，大自然中的綠色，不僅可紓解壓力，還能維持身體平衡健康，傳達平靜與放鬆感受。綠色還可安定交感神經，幫助閱讀者安心閱讀（圖49），閱讀空間引入大自然景色可紓解壓力（圖50）。

（圖47）餐廳避免光線直射用餐者

（圖49）書房引入戶外綠意窗景，有助放鬆、平靜

（圖48）色彩以中性偏暖為宜

（圖50）引入大自然景色紓解壓力

案例實證—李院健康住宅
空間色彩能量

讓五感舒適的空間用色

室內空間以自然元素為主要裝潢材質，創造具有觸覺、視覺、味覺、嗅覺、聽覺等五感舒適的空間。該住宅室內裝潢使用木質材料與大地諧和之環境元素色彩及質感為主調，將自然元素引入室內空間環境（圖1）。

（圖1）室內裝潢使用大地和諧環境色調及質感

（圖2）引入綠化　　　　（圖3）臥室引入大自然綠化

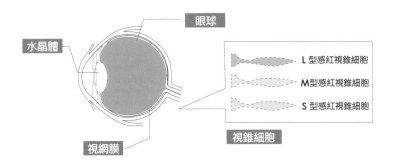

（圖4）藍綠紅色感應視錐細胞

■引入大自然綠色

選擇自然環境綠化元素及色彩設計室內空間，創造舒適視覺空間。該住宅室內設計特別注重引入大自然景色或綠化色彩（圖2-3），讓眼睛不易疲勞有益健康。居住者長期處在綠色環境，眼睛不只感應綠視錐細胞（medium，M），連同兩旁的感藍（short，S）及感紅視錐細胞（long，L）也都會產生反應（圖4）、綠色波長位於藍與紅之間（圖5），可以減輕視神經負擔是最健康的色彩。

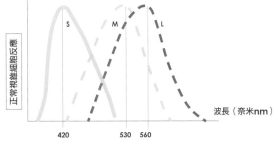

（圖5）綠紅頻率波長

第二節
音聲紓壓環境

創造一個音聲和諧的安住環境，對現代人生活是有必要性的，隨著經濟成長，居住者對住宅環境健康觀念，從以往「功能性」的需求逐漸提升到「環境面」的需求，進而到心理「意識成長」的需求。人體是由物質的身體、能量的流動、訊息的傳導、心智的成長以其本性的彰顯所組成，我們對生活的環境也從身體的需求如物理性環境影響因素之空氣、光線、溫度、噪音及電磁波等因素，提升到心理性需求，滿足心理寧靜安住生活空間，讓頭腦能休息、修護、生養並能接收更多的宇宙能量進入住宅空間，促進身心靈的健康。

生命如美妙的樂章是由音頻以波浪起伏變化組合而成，身體內五臟六腑是頻率的訊息波相互作用平衡而生存，其互動形式宛如太陽系星球運行依據引力能量是一樣的平衡狀態（圖1）。現代人生病會呈現五臟六腑之頻率不諧調，左右腦不平衡的狀況，音樂學理來說是稱之為音不準，需要調整音準（retune），使身體器官的頻率平衡和諧運動，獲得健康。

健康影響因素

音聲可藉由「共頻效應」調整腦波穩定性、激發腦神經分泌激素以及引導正向思維之「基因圖譜」等方式促進人體身、心、靈的健康。

■音聲共頻效應

大腦及五臟六腑細胞皆有其不同頻率，不斷運動於宇宙振動頻率範圍之中。人體細胞DNA頻率58～78吉

赫（Gigahertz，1吉赫等於10億赫茲），音聲能由人體血管、氣脈傳導訊息波與各臟器產生共振，如Deepak Chopra指出「身體五臟六腑產生頻率像一個交響樂團」，人體內五臟六腑是個綜合頻率系統，各個臟器與骨骼、組織系統及氣場光環（aura）都有自己特定頻率，共同產生和諧的混合聲，假使身體某部位失去和諧（out of tune）就會影響整體健康，但身體可用「受迫共鳴方式」將失調頻率與共同頻率產生共振，可以調音（retune）回來，藉由「共頻效應」調整身體與自然諧和的頻率而恢復健康，使大家共處一個和諧平衡健康狀態頻率。

「共頻效應」（entrainment），（圖2）由荷蘭學者Mark C.Tangeren 所提出，相似節奏間，自發性調整相同頻率，具互相搭載之傾向，依共頻效應，音波可影響腦波電磁波頻率，因此音樂可讓腦波深度放鬆、釋放壓力，也可增加腦波注意力，音樂具有凝聚零散而成整體之奇效，可調整身心平衡，恢復諧和心境，促進健康。

（圖1）宇宙共振頻率

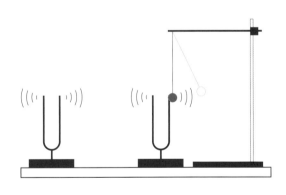

（圖2）音聲共頻效應

■調整腦波活動狀態

音聲頻率可調整人腦波活動頻率，調整唄塔波（BETA）、阿法波（ALPHA）、西塔波（THETA）、德而塔波（DELTA）等之間作變化，各種腦波特性如下說明（表一）

（1）唄塔波（13至50Hz週期／秒）
大腦正在處理感官訊息，試圖創造外在與身體內在世界之間相關事宜，所有訊息都經過腦思維，如主持演講時，腦波專注狀態。有三種唄塔波通常主宰我們醒的時間一切活動，如低頻唄塔波涵蓋13至15Hz週期／秒，是一種放鬆及有興趣的專注，如閱讀樂在其中時，觸發低頻唄塔波時，注意力不帶有任何警覺或緊繃性。
中頻唄塔波涵蓋16至22Hz週期／秒，由專注持續受外來刺激所產生的腦波，反應我們意識和理性思考以及警覺性，如學習的時候會稍微打起精神，中頻唄塔波會出現。
高頻唄塔波涵蓋22至50Hz週期／秒，腦波在壓力狀況下可觀察到高頻唄塔波成形，體內產生求生化學物質，高度亢奮狀態下所維持的專注力，不宜用來學習、創造、解決問題，常處於太專注的狀態很難喊停或失調，高頻唄塔波是造成身體失衡的來源，因為維持這個波頻，需要耗費相當大的能量，讓我們很難專注回歸正常，嚴重影響健康。

（2）阿法波（8至13Hz週期／秒）
大腦處於輕度的靜心、休息狀態，如工作結束回家躺在客廳休息，大腦通常由中低頻的唄塔波，轉變成高低振盪大幅度的阿法波狀態。

（3）西塔波（4至8Hz週期／秒）
出現微明狀態（twilight state）半睡半醒狀態，副交感神經開始運作，意識是清醒的而身體則是昏昏欲睡的。

（4）德而塔波（0.5至4Hz週期／秒）
經過深沉靜坐，意識幾乎不存在，顯示深度睡眠狀態，腦波完全處在副交感神經運作狀態，身體細胞正在自我重建、修補、復原狀態（施瑤煖等，2016）。

（表一）調整腦波狀態

唄塔波（BETA）		工作
阿法波（ALPHA）		休息
西塔波（THETA）		靜心
德而塔波（DELTA）		睡眠、清安
德而塔波（DELTA）		沉睡

■音樂特性

音樂產生音波可進入腦內產生化學物質，調整影響腦波，聆聽13至50Hz週期／秒亢奮的音樂，會引導腦波進入唄塔波狀態；聆聽8至13Hz週期／秒紓壓音樂，會引導腦波轉變成安靜的阿法波狀態，反之亦然。選用適當頻率音樂，可放鬆亦可提神，是現代生活不可缺少健康環境。

■應用對策

日常生活中繁忙回家後，如有寧靜空間靜心聆聽優雅音樂、靜坐、呼吸讓我們身體停止外界壓力的刺激，身體感官暫時關閉，開始讓唄塔波轉變成的阿法波（藍色）增強狀態如（圖3），如深沉靜心可使交感神經進入副交感神經活躍狀態，阿法波呈現平穩準備睡眠狀態如

（圖4），當持續放鬆靜心腦波轉化成西塔波進入深沉睡眠狀態，全身細胞開始補充能量恢復元氣。依循順序是由唄塔波到阿法波再到西塔波，可由緊張變為舒緩進入睡眠的原理。現代人常晚上睡不著原因是晚上腦中還想白天事情，腦波呈現在唄塔波、阿法波、西塔波狀態之間不停跳躍，心情無法放鬆。如果每天回家養成固定聆聽紓壓的節奏音樂習慣，自律神經會自動設定生理時鐘在晚上進行身體的修復，促使交感、副交感自律神經平衡運作各司其事如（圖5），每天早上就好像把我們身體（重開機）一般恢復能量充滿精神，找回快樂的創造力與幸福感。

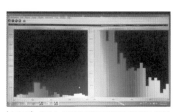

（圖3）靜心開始讓唄塔波轉變成的
阿法波（藍色）增強狀態

（圖4）深沉靜心讓阿法波平穩副交感神經
運作狀態（以上：張榮森教授）

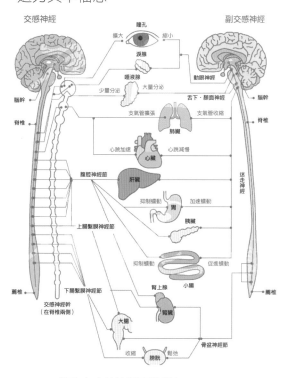

（圖5）自律神經平衡系統

音樂激發腦神經分泌激素調和身心

從生理學觀點，不同音樂頻率會讓身體放鬆紓壓或振奮情緒的效果，如腦內分泌乙醯膽鹼（Acetylcholine）會使副交感神經興奮會讓身體放鬆，分泌多巴胺（Dopamine）燃燒荷爾蒙會激發情緒升高，分泌血清張力素（Serotonin）會使血壓提升興奮情緒，分泌正腎上腺素（Norepinephrine）則可振奮情緒，分泌麩胺酸（glutamate）可興奮傳導物質，分泌腦啡（Encephalin）和腦內啡（Endorphin）可紓緩壓力、調合身心等。

從神經學觀點，紓壓音樂可促進正向思維形成基因圖譜，不同頻率音聲進入聽覺後可轉換化學程式，耳骨轉換電脈衝形式，重複聽取相似音頻後，也就是啟動同樣的神經細胞使大腦用同樣的方式工作，加拿大心理學家海伯（Donald Hebb）提出腦中同步發射的神經元會連結在一起，若反覆活化同樣的神經元，神經細胞在每次啟動時，會更容易同步再次出發，發射的越多，聲音連結者越緊密，最後這些連結的神經元會發展出長期的合作關係，使神經網絡逐漸形成固化現象，即所謂基因圖譜（圖6），養成個人

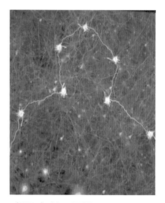

（圖6）基因圖譜

對某種音樂之特別喜好之特性，稱為海伯定律（Hebb's Law）。因此保持正向思維，常聽舒緩愉快正向音樂，就能引導腦內神經元做習慣性連結，發展出長期合作關係的正向圖譜，久而久之此正向連結形成常態圖譜，將不易受外界不良外境影響心情造成陰影，甚而轉化外境成為正向思維的健康狀態及所謂「境隨心轉」的境界。

營造音聲療癒的建築空間

空間有內在身體空間與外在住宅空間，我們的身體就是音聲的內在空間，也是一座具有多個出入口的聖殿空間，是座非常精密複雜的建築物空間，有如印度的泰姬瑪哈陵、斯里蘭卡康提的佛牙寺、馬利共和國神秘的土磚清真寺、西班牙托雷多的白色聖母猶太教堂、荷蘭豪達聖約翰教堂，或如新北金山的法鼓山殿堂空間、台中的中台禪寺大堂、花

天——

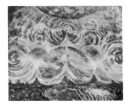

壁——

地——

（圖7）多元能量空間及天地壁元素

正能量氣場空間舉例：

天：天花板鑲入正能量對稱大悲咒幾何圖形，以利氣場活化穿透力

壁：掛上具有能量彩色圖畫，以利心靈平靜

地：鋪上遠紅外線木質地板，以利接地活動吸收能量

空間色彩：採取穩定暖色、低彩度、暖白光低色溫、返樸歸真效果色系（詳第五章第一節 空間色彩能量）

空間燈光：選用接近自然光源燈光，間接照明為主（詳第一章第二節 創造自然健康光環境）

空間佈置及物件擺設：水晶缽可集氣、聚氣、產生穿透性氣場能量；銅鑼可紓壓、呼神驅鬼、提升意識

蓮的慈濟精舍聚會所，以及高雄佛光山的萬佛寺的空間，可接受聲音在其空間內得到共振，甚而可讓音聲進入身體不同部位空間，產生頭腔、額頭、鼻腔、腹腔、胸腔等五音共鳴。

近年來量子物理學發現，我們周遭一切有生命體及非生命體的物質，都會以某種頻率震動，並與同頻物質產生共振狀態具有療癒能量，每個人身體空間殿堂也都持有綜合頻率振動可以接受療癒音頻共振，在我們的頭腦、器官乃致於每一個細胞都有自己的頻率以不斷的波動的狀態振動。假使出現異常頻率，代表身體某個部位出現問題，身體會自動作同頻化調整使它平衡，透過調整和穩定這些波動頻率，讓身體更協調達到健康（唐傑婁‧詹姆斯，2009）。

為體驗空間能量，作者特別以天地壁能量元素裝修「多元能量空間」（圖7），實際修行靜心，也開設「太極、呼吸、心瑜珈」課程與學生一起上課體會空間能量（圖8），每次學員下課後無不精神提振，能量充沛，氣色轉好，心情愉悅。身體在上課時經常透過銅鑼音頻的「高頻泛音」，藉由「共振效用」使身體恢復到原來和諧狀態，獲得紓壓及放鬆效果（圖9），對有睡眠障礙的學員特別有效。

（圖8）上課實況

（圖9）紓壓銅鑼浴

住宅音樂選擇原則

音樂藉由音頻、旋律、音色及感情等元素進入身體，產生身、心、靈與眼、耳、鼻、身、意五官感應，人們隨著年紀、文化、背景不同，會選擇各自喜愛音樂種類。

如果將音樂力度、音頻強度、旋律緩慢等條件分成五類，包含第一類力度強、速度快的歡樂音樂、力度中等精緻快樂音樂、力度平穩中等速度、力度較弱速度較慢的放放鬆音樂，到第五類安靜柔和速度緩慢的寧靜放鬆音樂等類。聆聽第一類音樂一段時間後，可使交感神經活化而引發精神興奮，到第五類音樂副交感神經旺盛而放鬆身心之結果，其中

當然聆聽者個人體質陰、陽屬性效果
會因人而異差異。如果加上紓壓樂器如
銅鑼（圖10）或紓壓銅鑼浴音樂唱片〈明
烄‧海洋。森林。銅鑼浴〉等工具可得
更大紓解、放鬆甚至助眠的效果。

（1）住宅分為日夜不同活動，選擇音
樂性質也會不同，白天客廳活動包括待
客或家人聚會，聊天，討論事情，適宜
選擇喜愛的中等音頻音樂為宜，歌聲的
音頻介在中低頻之間可讓人產生一種安
全感，並且百聽不厭的輕鬆感，如蔡琴
歌聲，美國貓王艾維斯普利斯萊利、日
本德永英明等歌聲。

（2）臥室選擇舒緩、平靜音樂達到舒
緩放鬆效果。

（3）餐廳選輕快、歡樂，促進食慾音
樂。

（4）如要祛除家中蚊蠅、蟑螂、螞蟻
等昆蟲，如不願殺生就可撥放「普庵
咒」，創造昆蟲接受特種頻率聲就會逃
離住宅的音頻環境（圖11）。

（5）年輕人也許喜愛較熱鬧的搖滾樂
如大陸歌手刀郎的高頻音樂，具有刺激
與紓發情緒的作用，但不能聽太久會產
生壓力。

（圖10）紓壓銅鑼浴，明烄演出現場

（圖11）普庵咒

 住宅空間音樂舉例

臥室音樂	舒緩、平靜速度較慢，低音頻
兒童房音樂	白天：快樂、精緻中高音頻
	晚上：柔和、放鬆、重複旋律中低音頻
高齡房音樂	運氣：柔和、放鬆低音頻
	補氣：寧靜、輕鬆低音頻
客廳及起居室音樂	白天：快樂中等音頻
	晚上：平靜、柔和中低音頻
餐廳	歡樂、快樂中高音頻
書房音樂	專注無念

案例驗證
不同頻率之音樂對腦波影響

2017年 4月14日中央大學張榮森教授與吳慎老師會面，測試吳老師聆聽音樂之腦波變化（圖1）、（圖2），如同十年前一樣，吳慎老師很快時間內就進入「入定」腦波，張教授表示，這次比十年前變化更快，只有幾秒鐘就入定，張教授認為這表示吳教授在過去十年間，一直在用功潛修。

（圖1）受測者吳慎老師

（圖2）測試者張榮森教授

作者主持測試不同頻率之音樂對腦波影響研究

■研究方法

（1）測前以話術、靜坐預作放鬆情緒準備，再播放音樂作前測與後測、儀器觀察腦波變化、汗腺變化及問卷。

（2）對象：大學3年級4年級男女學生，分別為測試組及對照組，各15人／組，共測6組分6星期執行完成。

■研究結論

（1）約70%受測學生對不同頻率音樂紓壓有反應，30%受測學生對不同頻率音樂沒有顯著反映。

（2）女性學生對音樂紓壓反應較敏感。

（3）測試結果顯示每位受測者對音樂皆具有獨特敏感性及頻率喜好，尚未找到一體適用之神奇頻率音樂。

台灣工業技術研究院使用風潮音樂提供不同頻率音樂進行研究

■檢測結果

聆聽紓壓音樂後，Beta（β）波的活動由28.36％降低到15.29％，共減少了約13％，Alpha（α）波的活動由34.27％提升到55.18％共增加了21％，如下（圖3-4），以腦波活動分析的科學印證，音樂確實有其紓壓的效果。

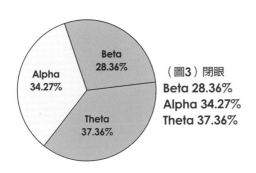

（圖3）閉眼
Beta 28.36%
Alpha 34.27%
Theta 37.36%

Beta 28.36%
Alpha 34.27%
Theta 37.36%

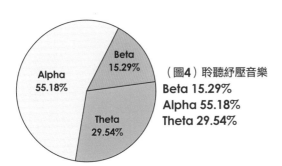

（圖4）聆聽紓壓音樂
Beta 15.29%
Alpha 55.18%
Theta 29.54%

Beta 15.29%
Alpha 55.18%
Theta 29.54%

陽明大學與風潮音樂合作研究

■研究方法

將音樂力度、音頻強度、旋律快慢，分成激動的、快樂的、柔和的、放鬆的與寧靜的共五類型如下，受測學生聆聽不同類型音樂後，對照自律神經的數值變化，進行分析研究如研究結論。

（表一）音樂類別、測量數值與語意

類別	數值	語意
音樂1	6.35	歡樂的、激動的（力度強，速度快）
音樂2	5.58	快樂的、精緻的（力度中等，速度稍快）
音樂3	4.51	平靜的、柔和的（力度平穩，速度中等）
音樂4	3.16	放鬆的、寧靜的（力度弱，速度較慢）
音樂5	2.65	高度寧靜、放松的（安靜柔和，速度緩慢）

■研究結論

1.聆聽這五類音樂，學生都能降低心跳速度，使心跳緩和。

2.不同類型音樂對自律神經功能活化影響也不同。

（1）聆聽第五類高度放鬆音樂，明顯較其他類型音樂更能引發副交感神經，使心跳速度放慢。

（2）第一類歡樂的、音頻力度強的音樂，較能提升交感神經活化。

（風潮音樂提供）

第三節
舒適空間格局

住宅空間設計需要引導家人交流，就如身體的經絡氣流需要通暢一樣才會健康。人以能量之氣為生命之源，人體小宇宙身體奇經八脈之氣流，所包含五臟六腑各器官形成訊息能量交流網，無時呼應大宇宙有秩序的能量網交織運行，得到源源不斷能量供應以支持生命正常運作。住宅設計尤須注意打通住宅空間氣場的奇經八脈不得陰暗閉塞，健康住宅的空間格局對外需與大自然物理環境五行元素能量互動，對內需具備序列安排的能量交流空間的規劃，內外活化空間能量場的流動，營造健康舒暢能量空間。

微觀人體各器官細胞，亦如同五臟六腑運作原理一樣各有其功能，以細胞膜之「受體」互相交流，細胞群體以「片行方式」接受大腦指令而群體行動，互相交流呈現連鎖反應，使身體以「五感」與色彩能量、音聲環境、四季交替以及自然環境、息息相應而感到健康喜悅。

格局健康影響因素
健康住宅空間群及元素，如同人體細胞一般需要吸收營養，需與外界大宇宙自然環境流通可「納氣」吸收能量，各空間元素亦各依其功能藉由門、廊、窗、玄關等開口與大環境氣場作能量交流，促使身體小宇宙與大宇宙氣場之能量互通順暢，讓人居住後身心暢快而不窒礙，反之空間格局如果與戶外自然環境隔離形成陰暗蔽陋，如一池死水氣脈不流動，細胞失去能量就如缺乏氧氣，住久會引發五臟六腑疾病。

舒適格局的設計訣竅
住宅規劃或使用時，必須注意空間對外需與大自然能量共振大格局，對內需與室內空間系列氣場流通，促使家庭成員愛的能量氣場活化交流，增進家庭愉悅生活氣氛，促進身心靈健康。

■與大自然交流的空間

日常生活上往往透過空間與自然的視覺交流，可獲得語言也無法得到最佳的方式，這個溝通不只是語言，而是有容思考空間或可發呆空間甚至是激發創意發想空間（圖1）。在規劃上多引用自然界元素及材質，如生物性材料有機材質、香味、視覺效果、觸感等，能夠活化大腦激發創意。空間規劃上可以綠廊或陽台作為室內外的緩衝仲介空間，這個緩衝空間能夠設置花草綠葉增加綠意，取代以前的庭院部分功能。

（圖1）與大自然交流的空間

■與全家人交流的空間

如溝通、談心、會議、討論以及會客聊天的交流空間，在心理上感受溫馨融洽的住宅空間是以集會交流方式為主的規劃，而不是以個體的房間生活考量的規劃。統計顯示現代家庭成員各自忙碌的結果，自閉兒或啃老族兒女逐漸增加成為社會的新問題，符合現代的健康住宅設計需著重在「全家交流」活動的空間上，不宜將重點擺在各自房間內，兒童房間亦無需設置琳瑯滿目功能的設施設備，使長時間各自獨自待在房間內常會切斷與家庭成員的交流溝通（附錄二）。

交流空間系列設計時，還需要加入許多連結各房間的緩衝空間到集合交流空間，以空間格局達到鼓勵全家人相處及關心交流活動。

■依照生活機能各適其所的安排

住宅每一個空間都有其獨特的功能，每一個成員從早上醒來到出門或者是晚上各自回家休息到睡覺，這個順序活動都需要不同機能的空間來滿足。

正常家庭生活外，還需考量外來訪客的活動、週末的親子特殊活動機能也必須考慮。結合各個空間機能做合理動線安排形成完整住宅格局，滿足家庭每個成員以及集體使用的機能需求。

■依照空間序列安排動線與人體工學

住宅內產生的活動內容有其可預測的順序，例如回家由門廳清潔衣物進入客廳與家人打招呼，休息閱讀與家人交流，餐廳用餐等公共活動。進入起居室再到臥室休息等夜間活動，日夜有一定活動序列（圖2）。

更詳細舉例來說明，例如廚房備餐活動順序也是先由儲取食材、清洗整理、切菜準備、烹飪調理等動作，其

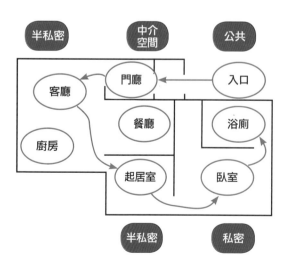

（圖2）依照空間序列置序安排動線

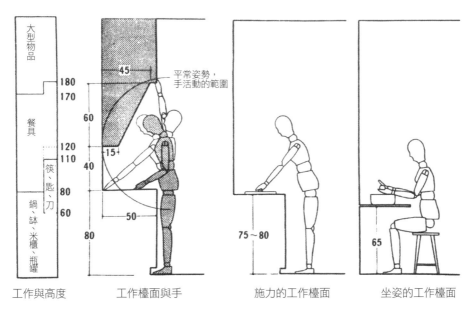

（圖3）人體工學檯面，資料來源：日本建築學會《建築設計資料集成》

間需要以三角形最有效冰箱、檯面、洗槽、工作空間及設備的安排，如下表。工作檯面需依工作種類設計符合人體工學檯面高度（圖3）例如清潔環境工作順序是從洗衣、曬衣、收衣服、儲存衣服、整理衣服、納入衣櫃等一連串活動需要周全的設施及空間，空間安排上將曬衣空間及廚房位置最好面臨南方的仲介空間以利陽光直射曬衣，不要將曬衣、廚房的空間放在北方。

此外，浴室也因日照少、氣溫低、很難排出濕氣、容易招來黴菌，不宜規畫在北方。例如晚上休息從進入臥室，進行更衣，盥洗的活動需要相對的活動空間。綜合上述所提，健康的住宅設計，必須要能滿足家庭每位成員的每天活動秩序的需求。

行為活動順序與空間安排的關係

活動	行為順序	空間安排
廚房備餐	儲取食材↓	冰箱↓
	清洗整理↓	洗槽↓
	切菜準備↓	檯面↓
	烹飪調理	工作空間及設備

■依照空間私密性層次安排

住宅空間可分為三種私密性層次，從私密空間、半私密空間到公共空間等，應該依照私密程度進合理行動線聯繫的空間安排，滿足家庭訪客以及各成員交流休息等日、夜不同性質活動的需求

（圖4）。「私密性空間」活動如睡眠、廁所、洗澡、更衣及夫妻交流活動，睡前溫馨交流空間（圖5），睡前和室靜心空間（圖6）。「半私密空間」供家庭成員使用不與客人或是外人混用的空間，譬如起居室空間、走廊、臥室陽

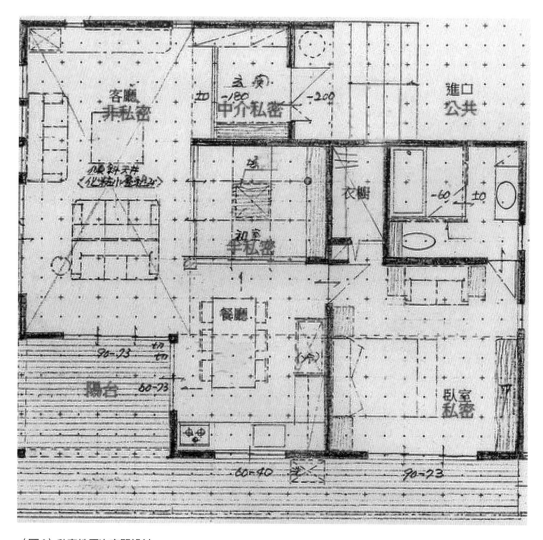

（圖4）私密性層次空間設計

台等可作閱覽、遊戲、或看電視等家人交流活動，起居室與客廳可以獨立分開活動的，當客廳有客人時，起居室還是可以供家庭成員自在的無拘束的當小客廳交流使用。「公共空間」包括可與客人共用的空間如客廳、餐廳、門廳等，這種空間需注意開放性，以及行動的可及性。

住宅每一個成員的生活從私密性活動、半私密活動到公共活動，要注意私密性動線要有秩序安排，不要有跳躍式動線規劃。空間設計也須有層次安排如（圖4），其間不要有視覺或噪音互相干擾機會，如客廳的公共空間與走道衛浴開門的私密空間，需注意視線及噪音阻隔，以滿足全家人心理需求，萬一確定格局無法避免時，可考慮替代方法，如在廁所門前加拉門或設隔屏，將廁所隱藏於後面。這種從私密到公共，或相反的秩序活動空間，都需互相尊重個別使用者，不會造成彼此干擾進行安排，確保使用者心理安全感。

（圖5）睡前溫馨交流空間

（圖6）睡前臥室靜心空間

■比例和諧空間規劃

心理舒適感的健康住宅須注意空間比例的和諧關係以及人體工學尺寸關係，空間不是大就一定好，需要有效率、心理舒適感、容易維持、容易整理的空間組合較受歡迎，住宅內部各種空間之間都有相關尺寸比例關係，跳脫比例關係會造成不合人體工學比例（圖7）以及不適心理感受比例（圖8），設計時須配合活動人體工學的需求來規劃其適當空間尺寸，以達到心理性舒適感。傢俱擺飾鬆緊合宜，注重空間留白而非擺滿傢俱，合乎「無以為用」、「有以為器」的正確空間觀。空間本身也會說話，如玄關尺寸很大，心理上可能是希望別人重視住宅主人心中的分量，或者表示房主對於交際人際關係特別重視，大尺度玄關的開放程度也可以反映主人對人信任度之心理。過於非常寬大尺寸的玄關不符合空間效率經濟性，住宅設計上可朝「黃金比例」設計空間更好（圖9），稍小夠用有效率空間可減少施工面積、施工費用等好處很多。尤其是高齡者生活，無需超大的空間反而難以整理維護，易產生所謂「宅大剋人」冷清的風水堪輿心理感受。

（圖7）不合人體工學比例

（圖8）不適心理感受比例

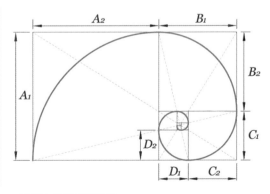

（圖9）黃金比例設計

（圖10）不適合亞熱帶環境的開窗比例

■維護個人空間領域感

領域感功能有調節人際界限、維持心理安全感以及認同感之領域行為。住宅內各空間會依照其不同層次私密性界分其領域的行為。領域使人知道個人使用私密的地方，以及不同支援接近的控制程度，住宅藉由個人領域行為將個人的人格與價值觀投射到實質空間環境上以建立認同感，設計時需予以尊重。

■增加住宅收納空間位置

在台灣高溫、高濕的氣候，住宅外牆所有的開窗面積加總起來不宜太大比較節約能源，太大窗戶面積在台灣氣候並不理想，使用整片落地窗所謂「開放式豪宅」總是給人非常時尚的印象，但不合亞熱帶環境開窗比例（圖10），實際居住起來卻是很不方便，因為太大窗戶，引來太多日照，室內太熱以外還會使得牆壁面積減小，所能夠依靠牆壁掛畫或放置櫥櫃的地方減少，使室內物品不容易整理、收納，還不如開始就把窗戶適當就好，多些牆面空間做收納櫥櫃，不同的尺寸的空間以不同的方式設計所需收納空間，以利長期的維護整理。

■兒童房規劃要點

少子化後尊貴的小孩房間因獨處而養成孤僻習慣，房間不要變成與家人生活隔絕的空間，孩子房間可設在家人經常活動的公共空間相連，增加和家人相處的機會，當孩子回家或出門時與家人也能有所互動的機會，孩子的生活不只在房間，而需要著重在整個家庭的空間，也就是和家人相處的空間。此外住宅公共空間還可留設彈性空間小角落，讓兒童閱讀、遊戲、或存放小物品等成長記憶空間以及休閒思考的角落（圖11-12），讓兒童心理上有在家成長、與家人連結的感覺。

■浴廁規劃要點

浴廁除了必要的淋浴、廁所、洗手等各種器具合理擺設以外，如果要規劃成稍微感覺放鬆的場所，需要提供收納的空間，方法是將浴廁基本需要使用的空間尺寸多30公分寬，就很容易達到收納效果，在這30公分內可以擺設一些擺飾、收納櫃、書架、吸塵器、清潔用具用品等（圖13），或增設洗手台，一旦廁所變得寬敞，馬桶、洗臉盆設施設備打掃起來也特別方便，整個空間更容易維護。

（圖11）兒童遊戲小空間

（圖12）兒童存放小物件空間

■高齡者孝親房附設空間

規劃長輩孝親房時可預留空間，充當未來看護者同住之用，需與高齡者床榻相鄰、視線相通方便照顧。臥室及浴廁進出口及通道走廊須以無障礙友善設計，走廊安裝引導自動夜燈，房間進門處及床頭安裝雙向開關方便使用。高齡者房間與主人房間相鄰又不同房，可以互相照應又各保有私密性。

（圖13）加寬浴廁空間

■三代同鄰、終生住宅規劃

發揚中華孝道文化，對長輩的孝順是可以表現在住在空間規劃上，現代社會需有「三代同鄰」的住宅，而非「同住」的安排，如同早期「院落」概念與長輩當鄰居，讓長者能夠與家人相處享受倫之樂，互相照顧但也具有個別生活獨立隱私性，在配置上有垂直的公寓或獨棟方式相鄰，往往高齡祖父母會安排在樓下房間接地性高、容易進出的樓層，父母或子女的臥房則安排在樓上就近照顧，而祖父母、父母、及兒女都各有自己的獨立浴室廁所空間，如此各自獨立生活又能互相照應（林志強等，2014）。

另外，也可以水平配置方式相鄰，如果同層平面夠大，可以將三代或兩代配置在同一平面上，衛浴可分別以套房的方式處理，祖父母、父母相鄰各享有隱私，兼顧互相照顧的方便性。

案例實證──李院健康住宅
以全家交流為主軸打造住宅格局

在心理上感受溫馨融洽的住宅空間，以集合交流方式為主的規劃，而不是以個體的生活空間來規劃。現在生活的健康住宅設計不宜只將重點擺在房間數量上，每個房間亦無需琳瑯滿目功能的設施設備，全家人一起居住並不是在單單在房間裡面圓滿完成，家庭成員長時間各自獨自待在房間內常會切斷家庭成員的交流溝通，設計時需要加入許多連結個房間的緩衝空間，連結在集合交流空間促進全家人相處和諧，打造以「全家交流為主軸」的住宅空間格局(圖1)，營造舒適愉悅溫暖互相關愛的心理空間格局，本團隊實際設計與建健康好宅案例的空間格局說明如下：

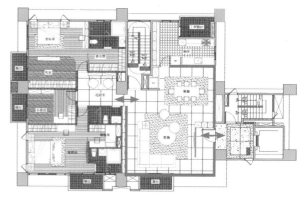

← → 交流空間是回家及出門必經之空間

（圖1）全家交流空間

（圖2）開放式廚房餐廳交流空間

餐廳連通廚房設計

現代廚房漸漸不用傳統一字型的格局而以開放式的廚房與餐廳連通促進家人交流，也可以做中島式廚房與餐桌共用或相連，家庭活動中心漸漸轉移到餐廳與廚房、家庭的氣氛無形中更

為融洽。餐桌兼工作桌附設通風照明設備，供家人一起用餐的開放式廚房餐廳交流空間（圖2）、一起做功課學習空間（圖3）、一起工作交流空間（圖4）等，增進全家交流機會的空間。

（圖3）一起做功課學習空間

（圖4）一起工作交流空間

（圖5）出入時視覺交流機會，也是全家交流空間

客餐廚與大門視線無礙

大門與客餐廳廚房空間保持敞開無視覺阻礙，隨時以視線互相交流，媽媽在備餐時，可與進出大門的家人打招呼表達關心及叮嚀（圖5）。

廚房設計收納並連通陽台

廚房需設有足夠儲藏餐具用品及雜物之收納空間，保持開放性空間之整潔。廚房最好有一個門直通陽台或是後門直接出入廚房，可將廚餘、垃圾桶和洗衣、烘衣、曬衣等等機能設置在這個空間。此外若空間允許，可以在廚房旁邊設置一個儲藏室，除了置放雜物以外，還可放置其他半戶外工具用品的廚房連通工作陽台空間。

主臥室內附設溫馨小空間

通風良好，窗几明亮，色彩溫柔，可設躺椅茶几音樂等安排供夫妻睡前可隱私談話、溫馨交流或靜心交流，增進夫妻感情空間及安排（圖6）。

（圖6）夫妻睡前溫馨交流或靜心空間

格局規劃融入孝道文化

住宅格局可反應傳統文化、倫理觀念、堪輿地理、社會習俗、宗教信仰等心理因素，也可藉由空間使用方式對家庭成員生活行為規範作為倫理教育。該住宅安排倫理「綠色走廊」供主人及兒童放拖鞋，讓高齡者因行動較不靈活可以穿外鞋直接進入臥室之優待，如此以空間使用作為教育方式，身教兒童具有孝敬老人觀念，發揚中華孝道文化（圖7）。

1.門廳換外鞋
2.客餐廳公共空間穿拖鞋
3.主臥房及兒童房穿襪子
4.「綠色走廊」牆下放鞋櫃
5.高齡房可穿外鞋或拖鞋入臥室

（圖7）三代同鄰住宅

在宅老化的終生住宅

該住宅室內格局採用「支架體」及「填充體」規劃概念，因應未來家庭成員依生命週期使用需求的變化作彈性調整，不需更動建築主要支架體如主隔間及冷暖氣主要設備而作彈性使用再分配，滿足居住者終生使用需求，居住者可因應年齡老化而更換到方便進出的高齡者房間，此房間可預留更衣室或儲藏室準備未來增加看護房需要，高齡者臥房及浴廁空間宜安排在較溫暖南方並可獨立控制溫濕度及燈光照度符合需要，臥室及浴廁進出口及通道以無障礙友善設計（圖8）。以「終生住宅」（ageless house）的規劃概念落實本土「在宅老化」文化需求，滿足居住者一生居所的需求。

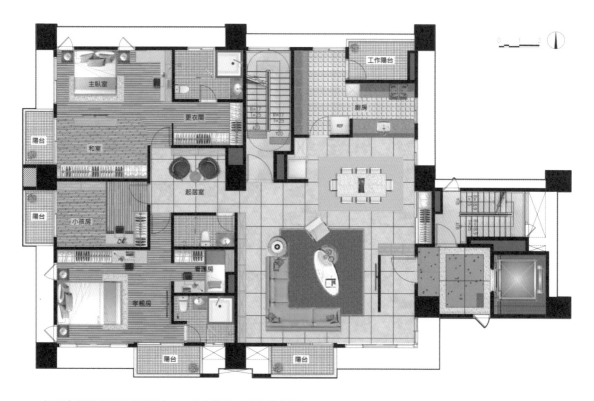

（圖8）彈性使用空間規劃　　室內設計：謝家銘建築師

第四節
堪輿與黃曆風俗

中華文化的堪輿術是以易經為理論基本，是順應大自然規律及法則延伸出來趨吉避凶的方式，基本上衍生出兩大類影響住宅可趨吉避凶的方式。有些人相信堪輿主要與環境有密切關係，譬如住宅位置需選擇地形、最好後有靠，可擋風以避免散氣，宅前有水塘可聚氣等。氣的聚、散會影響住宅空間及人體身心健康的說法，這總想法類似現代建築物理的原理。另有比較抽象的說法，如祖墳方位及形式等會影響後代身體健康及運勢等說法。兩者都認為宇宙、環境及人體都有「氣」的存在，即是有頻率相應的事實。

陽宅及人體像個無形的小太極，與宇宙太極內的空間氣場或力場以及頻率都生生不息的運動，看不見也摸不著。如果受到不當住宅空間格局阻礙了整個氣場的運行，會使身體的12經八脈在身體某部分氣場受阻導致氣流不順暢，即所謂「血氣不通」，健康默默受破壞而沒有感覺，逐漸導致五臟六腑發生病變。其實沒有學過堪輿的人也能感受自己居住的地方是否健康，例如早上起來是精神充沛、感覺輕鬆愉快，或是精神仍舊疲累不振，這就是住宅氣場的反映。

中華傳統文化認知，萬物皆依照五行的相生相制的規律平衡運行，人體健康也依照這個規率平衡運作。大環境木、火、土、金、水等五行牽動四方天地萬物，與四季的變化和人體健康產生器及頻率連動關係。「天有五行御五位」；東方木，主春生，氣候為風。南方火，主夏令長，氣候為暑。中央土，主長夏化，氣候為濕。西方金，主秋收，氣候為燥。北方水，主冬長藏，氣候為寒，影響住宅方位觀念及人體養生轉換基本原理。自古建築方位須配合五行五位韻律，陽宅建築載體也須與四季節律相應，人體依照四季節律保養修養，獲得自然同頻共振而健康。天地五行就像是一個大

（圖1）八卦圖案

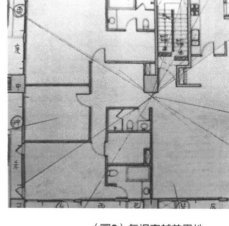

（圖2）氣場穿越差異性

太極具有超大磁場，人體就如小太極生活在其範圍中，住宅為天地訊息波接收器，住宅設計的內外環境、空間方位及空間格局的安排成為影響健康的重要關鍵。

設計訣竅

易經較抽象的用在住宅相術上是依照排列組合的方式，以八卦之「乾、坤、震、巽、坎、離、艮、兌」方位配合天地間五行之「金、水、木、火、土」彼此間相生相剋的關係，科學上解釋水晶氣場穿越八卦圖案結果研究（李嗣涔，2020），推論可能是因為氣場對各方位卦象三條線的八卦

圖案，產生的穿越性以及對人體穴道的反應程度不同（圖1），因此住宅各方位房間，對氣場的接受度也會有差異性（圖2），慢慢的影響身體健康，所以歸納不同方位房間之吉或凶。易經上說，配合陽宅的「座」與「向」及八卦方位連動呈現吉、凶星座來規劃住宅座向及室內各空間格局，每個不同方位住宅配置的五行都會不一樣，所規劃房間位置健康與否之格局亦會不同。現在大多數人居住的公寓大廈來說，一樓大廳的大門氣口方位即「向」具有納氣功能，樓上不同樓層產生五行座向亦不同，所以吉凶房間格局位置也都不一樣，八卦配上八星，其中四吉星「延年、生氣、

天醫、伏位」與四凶星「五鬼、六煞、絕命及禍害八運」連動五行方位，可預測住宅個別卦象方位房間之吉凶狀況。堪輿學是幫助我們如何挑選、規劃健康住宅的文化產物，是人文累積的經驗歸納，許多觀念是與現代建築物理所論述的原理一樣，如住宅方位通風的關係、開窗與光線及氣場的關係以及大環境五行與空間能量氣場的關係等，無需當它全是迷信。

如何挑選好氣場的健康好宅

以都市公寓住宅為例，堪輿需要考量住宅戶外環境以及各樓層變化之物理環境外，還包括室內格局安排及裝修。

■室外環境方面

（1）健康好宅需要良好磁場環境，住宅鄰近不要有變電站、基地台及高壓電線等高頻電波設施設備，以免影響住宅磁場及居者健康。戶外空間與其他建築物的距離不能太近而產生壓迫感，常見因缺少鄰棟距離而阻擋該有的採光權，影響住宅環境氣場及物理環境條件。

（2）陽宅每一卦位都代表身體五臟六俯器官的某一部分，依照整體平面圖來看，方正平面較宜，不宜缺卦如L型、O型、凸形、凹型、三角形、梯形、多角形等比較不圓滿的缺卦形狀。

（3）陽宅外牆長與寬比例均勻較好，不宜太長方，或太細長，長度與寬度比以不超過1.5倍以上形狀較好。

■室內格局方面

（1）內部格局的重要元素如大門、廚房、廁所稱為「三要」，宜順應大自然規律法則安置在適當位置，大門宜規劃面向吉方（氣場較強方位）以利「納氣」為主要因素，不會造成空間閉塞。「三要」中的廚房及浴廁不要安置在住宅中央，避免廚房不完全燃燒產生一氧化碳或二氧化碳汙染空氣以及浴廁產生濕氣及汙穢空氣停留在住宅中央通風及採光不良位置，該空間的天、地、壁最可能長期漏水的產生白華或壁癌，傳播黴菌引發呼吸器官及皮膚疾病。如此規劃也符合健康好宅在物理上舒適感及心理上安全感之基本要件。

（2）住宅的房間使用分配時，可將長時間使用的房間如臥室、客廳、起居室、書房等安排在「吉方」的位置，另外短時間使用的空間如廁所、儲藏室、客房等空間充當「凶方」位置，將吉方空間能夠讓出來給長時間使用的空間，如此也合乎陰、陽平衡原理，就是好運勢的住宅。

（3）陽宅室內不宜缺掛，如太過畸形或菱角太多等比較不圓滿空間，轉角處比較容易漏水，裝潢或油漆剝落難以維護並容易滋生黴菌。

（4）住宅堪輿最重要的是要心存正念，遵守百善孝為先，為人處事守誠信，存好心，做好事，常懷惜福感恩之心，發揮慈悲喜捨的正能量會逐日擴展，住久了正能量會影響甚而導正氣場，所謂福人居福地的道理（張燕平堪輿師）。

■設計方面

（1）室內光線及色彩，住宅公共空間如客廳及餐廳的光線不宜太暗，臥室及浴室色彩不宜太過鮮豔，宜用彩度低色彩可助休息時穩定心情，可一起可以找出家庭成員都適合的色彩作為公共空間客餐廳主要色調，至於各個房間可依照個人喜好及屬性如冬季冷靜型或夏季熱情型的色彩布置。

（2）大門玄關進入客廳需動線順暢，不要有太多轉折阻擋等佈置以利納氣。

（3）玄關空間不需太大但是需要明亮，鞋子雜物收內整齊入櫃，所採用的顏色光線彩度可稍高，營造進口幸福愉快感受。

（4）客廳正門避免直接面對開口或者是落地窗，開門時冷風直接產生串流形成所謂「穿堂風」影響健康，可用收納櫃，屏風或等其他傢具阻隔穿堂風。

（5）每天至少有三分之一時間在臥室，所用的床墊傢具質地優良，得到充分休息為要，床鋪頭部位置的不宜開窗或直接面對廁所開門，除了會造成心理性不安以外，也會形成不衛生的氣場。

（6）兒童的臥室及書房位置宜規劃在氣場強的吉方「天醫」卦向的位置，可增強智慧，讓讀書的時候頭腦清晰功課進步。

案例實證──李院健康住宅
堪輿案例驗證

配合物理環境和地理堪輿學門,順應大自然規律及法則延伸出來趨吉避凶的概念,規劃氣場的空間格局,營造健康好運勢之住宅空間與環境。

方位坐向

該住宅坐西北朝東南,形狀方正不缺掛如(圖1),順應大自然規律法則,安置「三要;大門、廚房、廁所」在適當位置,大門安向吉方可收納好氣場,符合健康好宅物理上及心理上安全感之基本要件。

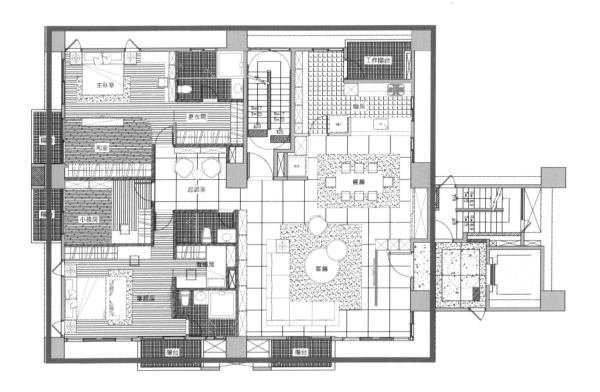

（圖1）形狀方正不缺卦

（**圖3**）竣工上樑祭祀典禮

（**圖4**）吉時竣工上樑

擇吉時開工

考慮本土傳統文化，選擇黃道吉時開工
上樑以及啟用，讓居者獲得心安。該
住宅尊重文化習俗，起、承、監各方在
本土黃曆2017年8月10日下午1:15吉
時，舉行開工典禮（圖2）及竣工上樑典
禮（圖3-4）。

（**圖2**）吉時動土

第五節
修養與修行環境

日常生活的壓力造成現代人許多心理性的失調，因而引發精神上的疾病如自閉症、酗酒、犯罪、毒品、荷爾蒙失調、反應遲鈍、記憶力減退等等問題越來越多，造成社會龐大醫療費用，形成目前全世界注重的健康問題。很多人習慣用西藥但是卻引發更多的副作用很難根治，應該也可考慮用東方醫學，我們東方人非常慶幸有傳統醫學，依據人生下來就全方位健康圓滿具足狀態特性，以自然療法方式恢復身體免疫力，盡量以不用藥的最高境界來治療精神病的病根。東方醫學建築上著重於營造氣場空間配合建立身體自癒能力療病。現在的環境需要有讓我們靜心、修行、充電的空間，補充能量恢復身心平衡。健康的住宅需營造清靜氣場的空間以促進健康，這是目前世界的趨勢，也是東方文化最精髓之處。

精神疾病、憂鬱症及心理性失調，最好避免服用藥物來抑制身體激素會產生 許多副作用，根本的療癒是設法使身體能量平衡。人體生命維持是依賴能量攝取及釋放過程。保持身心「靜」與「虛」的狀態是道家修練最高層次，這狀態才能從大宇宙中吸取能量，也是佛家的「禪定」狀態，減少能量消耗的狀態，讓身體回復到原本圓滿俱足的自我療癒功能狀態，是每天回家的功課。

靜心的功效

「靜心」俗稱靜坐，長時間修練會到達一種無念、無壓力、純淨的西塔腦波狀態下，可從宇宙中吸取能量會經由身體的穴道及奇經八脈打通全身氣脈，產生自我療癒力量。此時全身圍繞發散高能量頻率的光子氣場，由克里安照相顯示證明（圖1），人體之間能量互動亦可由指尖光體相連顯示（圖2），甚而可傳遞能量物質（圖3），從人體小宇宙能量與大宇宙大環境的光子氣場相互共振狀態

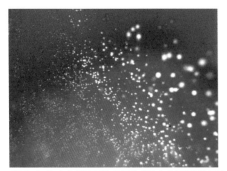

（圖1）全身圍繞發散光子氣場（李嗣涔教授）

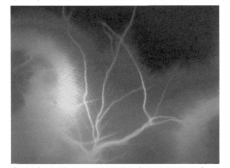

（圖2）人體之間能量互動（李嗣涔教授）

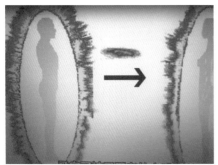

（圖3）傳遞能量物質（李嗣涔教授）

（圖4）大小宇宙能量共振（李嗣涔教授）

（圖4）可證明，人體可自我療癒，能修復出生後被外在環境打亂的經絡及氣場體系，腦波狀態由活耀的貝塔波轉變到休息的阿爾發波如（圖5）再回歸到生而具有「無念」「無想也無不想」腦波呈現穩定無起伏西塔波的狀態（圖6），在此狀態下可隨時接受宇宙能量讓身心充電，補充日常思想及行動等因執行色、受、想、行、識的「五蘊」而耗費的能量。現代最高層次健康住宅設計需考慮「靜心」環境，讓人由具象的五臟六腑身體健康提升到抽象的心理性健康層次的設計技術，促進身心靈全方位健康的空間環境。

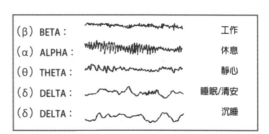

（圖5）腦波變化

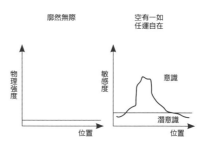

（圖6）腦波呈現無起伏西塔波的狀態（張榮森教授）

205

靜心的好處

■可有效減輕壓力

每天靜心可以達到紓壓的效果，可降低杏仁核腦細胞體積，杏仁核腦腦部是控制身體恐懼、焦慮和壓力的區域。

■可改善免疫力

靜心可降低血壓、心跳和呼吸速率，能提升身體的含氧量，改善免疫系統的反應，還能增高神經傳導物質多巴胺（dopamine）、血清素（derotonin）、生長激素（HGH）和腦內啡（endorphine）濃度。

■減緩記憶力衰退

靜心能減少皮質醇（cortisol）和腎上腺素（adrenaline）分泌，正常人血漿的皮質醇濃度為8μg/mL（微克／毫升），在處理緊急狀態時會自動升高到13μg/mL，肌肉呈緊張、緊繃狀態，長期如此容易導致生病、易老。當處於寧靜空間靜心時會降低，讓身體舒緩舒適對健康有益。

■提升快樂幸福感

靜心還能調節體溫，改善大腦中的電流活動時間更加協調更能強大腦的生理作用，提升認知能力是藥物治療無法產生的長期幸福和快樂感。每天抽出10分鐘以上安靜地坐下，靜心專注你的呼吸，慢慢減少你的念頭進入一個「無想無不想」境界，維持至少8個星期的每日靜心，就會有紓解壓力的習慣。

靜心的驚人力量

研究證實，靜心的過程可逆轉引發焦慮的DNA分子反應，在英國考文垂大學與荷蘭拉德伯德大學合作展開的一項研究證實，靜坐、瑜伽及太極等身心介入療法（Mind-body interventions，MBI）不僅能令人放鬆心情，回復自我療癒，修復身體因氣結引發的疾病，更能夠逆轉人體DNA中使抑鬱和不健康狀態的分子起反應。說明大多數疾病都是DNA和環境共同引發的，DNA也可受外界身體修行靜心而改變的。

當人遭遇壓力時，他的交感神經系統，也就是負責「挑戰或逃避」反應的神經系統會被觸發旺盛而增加了一種核轉錄因子（NF-kB）的分子產生，這種分子的任務是調節人體基因的表達方式。研究證明，練習靜坐、瑜珈等身心療法的人會改變DNA行為方式，他們的NF-kB和細胞因子會減少產出，減少與炎症有關的焦慮與疾病。該研究的主要領導人考文垂大學心理學實驗室的佈瑞克（Ivana Buric）說：「全世界已經有成百上千萬的人在享受瑜伽、打坐等靜心活動可對健康帶來莫大益處。靜坐活動在我們的細胞中留下一個所謂的分子記號，通過改變基因的表達方式，從而逆轉壓力或焦慮對我們身體帶來的影響。」簡而言之，身心療法能夠讓大腦調整DNA，走在一條改善人體健康的道路上」，「這些身心介入活動為身體帶來的益處將來會越來越受歡迎」。詳編譯／晨曦

世界級智者Guruji帶領大家靜心
練習影片：https://www.youtube.com/watch?v=TWbiDzi-rQc

修養與修行環境設計訣竅

■打造健康物理環境空間

營造寧靜無噪音靜心空間、具有充足新鮮空氣、無視覺、聽覺等干擾的無「五感」的空間可讓人靜下來吸取能量平衡每天積累的身心壓力，修行能淨化你家的能量氣場，平日清潔與整理住宅的空間，打開窗戶讓潔淨的空氣流通，在沒有使用的電器時拔掉電插頭減少磁場干擾，可擺設一些綠色植物、特別是蕨類植物與吊蘭等可去除空間化學物質，轉換空間能量。

■營造寧靜心理環境空間

修行「淨心」需要寧靜好氣場寧靜空間，住宅可設置寧靜紓壓空間供靜心使用（圖7）。靜心方法包括唱頌、瑜珈、呼吸及太極拳等紓解壓力法門，通過規劃靜心一段時間至少可改善睡眠，進而可緩解焦慮、抑鬱、疼痛和壓力相關的症狀，還能增強身體免疫力及愉悅感。基本上靜心是從細胞分子層面就開始改變我們基因密碼的行為方式，給健康帶來莫大益處。中華文化的儒、釋、道都是談心的寧靜法門及本質狀態。有清晰安定的心可幫助自己在生活中做正確判斷，進而尋找原本與生俱來的身體自癒能力，修復身心創傷恢復健康狀態。目前全世界都在研究靜心，將是世界主要養心、養身、健身的主要發展趨勢。

（圖7）寧靜心理環境空間

 改善憂鬱症的飲食

心理問題會引發許多精神疾病以及家庭破碎，使用藥物抑制身體激素，產生副作用使病情惡化時常發生。除須減少用藥以外，可透過靜心紓壓，或改以食物療法及營養補充等自然醫學概念調和身體，獲得身心基本健康。

有效治療憂鬱症	食材或料理
食物療法	如香蕉、深海魚、全麥麵包、菠菜、葡萄柚、瓜子、櫻桃、大蒜、南瓜、硒、巧克力等。
藥膳	如橄欖蘿蔔飲、酸棗仁粥、玫瑰花烤豬心、黃花木耳湯、 麻油豆腐皮、香蕉拼盤等。
單味中藥	如貫葉、連翹、補骨脂、薑黃、銀杏、合歡皮葛根、八戟天、石菖蒲、鼠尾草、菖根、鼠尾草等。

（北醫林松洲教授）

（圖1）室內靜心空間

案例實證──李院健康住宅
修養及修行案例驗證

該住宅設置靜心紓壓空間，配合音樂設備、潔淨空氣品質、適當照明、舒適溫熱環境、結合綠化景觀、自然光線、溫暖顏色、視覺隱私的靜心空間（圖1）、瑜珈空間（圖2）。

另可備有療癒功能之設備，如銅鑼音聲療癒（圖3）、頌缽（圖4）等輔助居住者作正念瑜珈、音樂紓壓、音聲療癒、靜坐靜心、心靈修煉、正向思維等修行活動。音樂靜心後已被工業技術研究院證實，可轉化腦波由唄塔波轉化成阿爾法波紓壓（圖5）。

（圖2）室內瑜珈空間

（圖3）銅鑼音聲療癒，圖為作者演講及銅鑼演繹（前排為李嗣涔教授及林聰明教授）

（圖4）頌缽

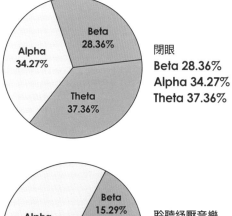

閉眼
Beta 28.36%
Alpha 34.27%
Theta 37.36%

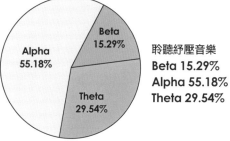

聆聽紓壓音樂
Beta 15.29%
Alpha 55.18%
Theta 29.54%

（圖5）工研院研究證實音樂可紓壓

第六章
公平性環境影響因素

推動健康好宅的社會意義深遠，

公平性影響因素方面如空間效率、

公平交易以及生命週期等影響因素。

設計技術包括經濟有效的設計，

考量生命週期維護的設計，

以延長使用年限提高經濟效益，

以及公平公開購買資訊等嘉惠廣大群眾。

房地產不只是針對尖端高收入豪宅為訴求，

還可提高空間設計效率，降低造價，擴大銷售對象。

第一節
有效住宅設計技術

■設計高效率比的建築空間及設備

提供經濟有效施工及使用方法，例如模組規劃、模矩設計及模塊施工等，加速施工速度、簡化使用維護方法，兼具維護產品質量以及降低產品價格，擴大消費對象。

■設計針對生命週期管理維護的好宅

配合生命使用週期的建築構件及材料設計技術，考慮最經濟的建築構件使用週期費用做維修或更換，維持房屋正常使用狀況，避免不必要的連動更換或未到期構件，如房屋門窗密封膠條、水電空調設備、門窗門扇、天地壁裝修等構件

設計，設計時事先考慮各構件未來生命週期結束時，能分離更換或分開維修不會牽動其他性能良好的構件或建材，以利縮短工期及節省費用的設計技術。

建築計畫時就將預標作合理分配，設計及建設費用在一棟住宅60年使用生命週期（Life Cycle，LC）中，花在前3～5年，只佔約30％預標，而高達約70％費用將會花費在後55年以上使用期之修繕，更新保養、使用及管理等費用（圖1）。

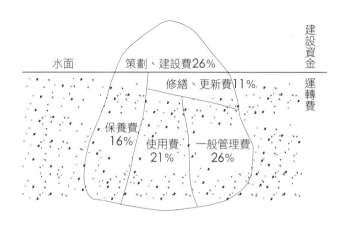

（圖1）建設與維護費用分配
資料來源：建築保養中心編《建築物的使用週期費》

台灣住宅採預售方式，建設公司如果只考慮興建費用，而忽略70％維護費用，全部轉嫁到住戶並不公平。建築物構件之生命週期（LC），舉例如窗框LC為15年、封條約5年，空調水電設備LC約10年，電線配管LC約20年，內裝LC約5年，外構LC約30年，建築構造LC約60年等，設計時就需考慮日後建築構件功能降低與維護更新之方式（圖2）。

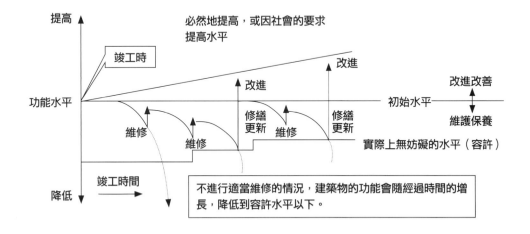

（圖2）建築功能的降低與維護更新、改進的關係

資料來源：建築保養中心編《建築物的使用週期費》

第二節
公平交易環境及資訊揭露

購屋前了解公平交易委員會對於預售屋銷售行為之規範中如締約前資訊揭露、締約後之欺罔或顯失公平行為、預售屋之不實廣告等以及公平交易委員會對於房屋仲介業之規範等資訊，落實公平交易住宅買賣。

案例實證——李院健康住宅
公平性

本案設計住宅空間效率比:「淨空間面積」與「總樓地板空間面積」比例高達80%，縮短室內步行走道長度及寬度，減少冷暖空調電器管道佈線長度及數量，控制出風口數量，節省施工費及未來使用維護費用之設計（圖3）。

1梯廳	7臥室
2客廳	8景觀陽台
3餐廳	9工作陽台
4廚房	10祭祀廳
5主臥室	11露臺
6孝親房	12通風井

（圖3）提高空間效率比之標準平面圖

213

結　語

健康住宅設計依不同地理位置及都市型態以及文化背景所使用設計技術有差異性，例如亞熱帶住宅的採光與溫熱之間尋找平衡開窗方式與寒帶設置暖房及大面積視野窗戶的設計概念、都市住商混合與住商分區規畫之噪音限制不同、台灣採用大量混凝土建築產生熱負荷與獨棟木構住宅隔熱防音技術不同、高密度住宅室內分區面積規模與低密度建築群不同等。在心理性方面，中華文化三代同鄰、在宅老化、孝道觀念、堪輿地理以及保養修行觀念等與西方亦有很大差異。

現代人居住環境逐漸覺醒而重視內在心理以及心靈性感受環境的需求，回歸中華文化根本宇宙觀，成為獲得身心靈全方位健康最有效途徑之一。將東方東方文化的心識內涵，融入西方式物質發展，成為大健康知識教育主流，形成新世紀主要潮流。

中華文化尊重自然的住宅觀，指出人體藉由住宅與宇宙大環境空間之頻率相應始能獲得健康，亦即是健康好宅需與宇宙大環境的空間頻率相互共振、與四季節律變化相應體會時空不斷變化、與五行場域能量以及身體組合元素之地水火風生存頻率相通、生活作息需遵行24時人體子午流注氣脈流通的設計。例如居住者在室內空間能以「五感」體驗室外植物生長四季變化的設計技術，健康空間需營造幫助居住者內心寧靜進入無念且尋回自性本心時，可讓宇宙頻率能量（cosmetic energy）引入身體小宇宙的細胞空間，讓居住者可以天天夜間補充能量，越住越健康如。

在物理性環境影響因素的設計技術方面越來越講求個體化舒適空間環境。住宅內依據日夜不同性質活動，以及內、外週區不同條件等空間作空間格局與設備系統分區規劃，各房間窗戶皆可滿足個體化有效通風設計，需考慮每間房間都有手動可開門窗。除機械式通風系統外，使用者可自行控制

開關窗戶，不同年齡使用者對於空間的美肌保濕或除菌功能、氣溫濕度、光線照度、飲用位置及水質需求、通風風速、還有噪音容許程度的需求的差異性，得以個體化需求設計，使住宅內溫熱環境、光環境、音環境及通風環境，都能達到「個體化」健康舒適、使用方便以及節約能源的目的。

依據現代社會發展趨勢，住家設計尤其重視心理性環境的寧靜及舒適性，如空間格局、色彩質感、音樂的配備、地理堪輿、黃道吉日以及養生紓壓靜心修行等因子之設計技術，影響居住者的身心靈健康越見顯著。

大環境發生突發病毒傳染流行已經變成常態，現代住宅規劃概念及設計技術必需考慮減少病毒傳染的方法，形成現代住宅的基本功能以及健康住宅設計新趨勢。經過作者實踐建案體驗經驗，住宅設計之空間分區規劃可減少病菌空氣感染途徑兼具個體化舒適環境及節約能源功效、進口門廳氣密規劃及設施設備可減少病菌物體介質感染途徑，採用適當個體化空氣清淨機亦有抑制病毒活化之效益等等許多設計技術成為現代健康住宅基本要求。

台灣夏天需要大量空調冷氣，住宅南向空間熱得最大，滿街外牆都掛滿空調室外機，將汙染熱氣直接散熱到馬路及鄰房成為公共負荷，也造成都市不雅景象。李院健康住宅在南向外牆規劃熱浮力通風管道間收納所有室外機，將汙染熱氣排到屋頂，避免室外機直接排熱氣到鄰居及道路造成公共熱環境以及熱島效應的負擔，此設計經熱空氣流體流動模擬（Computing Flow Dynamics，CFD）成效可行，而且美化都市景觀。

推動健康好宅的社會意義深遠，建築業除了供應高收入的「豪宅」以外，設計技術也應包括經濟性、公平交易以及資訊公開的「好宅」設計，本書從嘉惠廣大群眾為訴求，盼將畢生所學與案例實踐向普羅大眾與設計營建參與者推廣。

參考資料

圖書類：

1. 李嗣涔（2020）·撓場的科學。臺北市：三采文化
2. 陳宗鵠（2011）·築綠─心次元健康建築。（二版）。臺北市：詹氏。[Chen Brian T.H. *The heart of healthy housing*（2nd ed）.Taipei City, Taiwan: Jane's Book Store.]
3. 林松洲（2011）·各種疾病的自然療法。（第二版）臺北市：凱倫出版社。[Lin,Song chow.Natural Therapy of Various Diseases（2nd ed）Taipei :CityKairen Publishing Company.]
4. 唐傑婁·詹姆斯（2009）·聲音的治療力量。橡樹林文化·臺北市：城邦文化事業股份有限公司。[D' Angelo, James（2009）*Mantras, chants and seed sounds for health and harmony. The healing power of the human voice.* Oak Tree Publishing. Taipei City: Cite Publishing Ltd.]
5. 建築技術規則建築設計施工編─全國法規資料庫
6. 建築資料集成，日本建築學會

期刊論文類：

• 陳宗鵠、徐南麗、鍾明惠、李英豪、王文安（2020）·李院健康好宅設計理論與實踐.*健康住宅的再思考*· 社区与建筑，296，30-34。
• 陳宗鵠、陳立洋、施瑤煖、徐南麗（2017）·中華文化色彩與於健康建築之應用·*健康與建築雜誌*，4（2），1-8。DOI：10.6299/JHA.2017.4.2.A1.01.
• 陳宗鵠、施瑤煖、徐南麗（2016）·色彩能量於健康住宅之應用·*健康與建築雜誌,3*（3）,1-11。DOI：10.6299/JHA.2016.3.3.A1.1.
• 陳宗鵠、施瑤煖、徐南麗（2016）·健康住宅心理性之音聲因子分析及應用·*健康與建築雜誌*，3（2），1-9.DOI：10.6299/JHA.2016.3.2.A1.1.
• 林敏菁、徐南麗、陳宗鵠（2015）·公寓住宅污水用戶對接管工程影響因素探討·*健康與建築雜誌*，2（3），25-32. DOI：10.6299/JHA.2015.2.3.R3.25.
• 葉明森、陳宗鵠、徐南麗、陳星皓、林志強（2014）·房客對既有旅館光環境之人工照明重視及滿意程度調查·*健康與建築雜誌*,1（4）,31-41 . DOI：10.6299/JHA.2014.1.4.R3.31.
• 林志強、徐南麗、陳宗鵠、葉明森（2014）·三代居代間干擾行為之嚴重度及同意度調查·*健康與建築雜誌*，1（4）,23-30.DOI：10.6299/JHA.2014.1.4.R2.23.
• 林韋辰、童淑琴、邱柏豪、徐南麗、林四海、陳宗鵠（2014）·醫院員工綠色標章認知程度與使用情形相關研究·*健康與建築雜誌*,1（3）,49-59. DOI：10.6299/JHA.2014.1.3.R5.49.
• 陳宗鵠、徐南麗、林士堅、何中華、謝碧晴（2006）·台北市高齡者學習需求特性之探討─以台北市萬華區老松國小學區區為例·*中華技術學院學報*，C1-11。
• Wang,Wen.An.（2017）.Improvement Strategy of Urban Street Thermal Environment.World Sustainable *Built Environment Conference Hong Kong Conference Proceedings* :1432-1438

註：參考資料依年代、先中文後英文順序排列

附錄一
專訪健康與建築雜誌發行人陳宗鵠—
談打造身安、心安、靈安的健康建築 採訪／編輯組

本社發行人陳宗鵠教授,於今年(2014)8月1日在中華科技大學榮退。本社特別專訪陳教授,談他推動健康建築三階段的奮鬥歷程,由其年輕時,陪楊英風大師出國設計貝魯特國際公園中國園開始,談美國建築執業階段,主持太陽能建築獲獎,為青年創業的第一階段。後應中研院葉玄院士及淡江大學張建邦創辦人邀請,返國於工研院主持節約能源建築研究,兼任教淡江大學建築研究所春風化雨三十年。在開業三十年期間,完成南港軟體園區規劃設計等三十餘項建築工程。期間為深化健康建築精髓,潛習中醫六年融入健康建築設計為創新的第二階段。後又應孫永慶董事長邀請主持中華科技大學建築系約十年,培育健康建築人才,創立「中華兩岸健康促進建築環境策進會」,開辦「健康與建築雜誌」落實健康建築之推廣階段等人生精彩歷程為創意的第三階段。本社特別專訪這位跨建築與健康領域,將理論與實踐實際結合的大師級導師,以普遍傳達身、心、靈健康及綠建築為志業,促進大家健康、快樂及意識覺悟為志業的奮鬥過程,與讀者分享。

青年建築師隨楊英風出國,開啟豐富多元的建築人生

陳教授建中畢業後,依建築志願就讀淡江建築系,1970年建築設計獲得全班最高分95分畢業,服完一年兵役後,即被選任於1971年隨楊英風大師遠赴黎巴嫩貝魯特執行國際公園中國園之中國文物館建築規劃設計及興建,在跨國不同文化反應多樣建築呈現之觀察中,體驗反思自己建築定位,也開啟陳教授建築人生旅程。完成任務途經歐洲參訪古蹟建築後,隨即赴美國伊利諾建築研究所畢業,先後就業於美國新澤西州之普林斯頓及紐約州紐約市的建築師事務所,其中含節約能源建築聞名Harrison Fraker Architects and Associates,及現代建築為使命,講究建築管理,營造人性工作環境的The Hillier Group,以及主導普林斯頓城鎮規劃,重視文化藝術建築的The Sanders Associates。期間,陳教授主導的建築設計有8棟太陽能住宅(Solar House),其中The Jones Solar Residence 曾獲美國《紐約時報》(New York Times,詳見圖1)刊登,並完成有三棟大學圖書館建築以及Johnson & Johnson 等高科技實驗廠房設計等,皆以節約能源創造舒適空間為主要設談打造身安、心安、靈安的健康建築計原則,1971至1983年陳教授致力於打造節約能源之舒適空間為目標,在美國執業是他青年創業的第一階段。

(圖1)美國紐約時報刊登陳宗鵠太陽能住宅設計

第二階段── 以創造身心安住的健康建築為目標

由於在美國累積節約能源建築設計經驗,1983年獲中央研究院葉玄院士以及淡江大學張建邦校長邀請,回國任工業技術學院主持建築節約能源研究室執行相關節約能源研究計畫,兼職淡江建築研究所副教授。有機會將節約能源學術研究應用到建築設計實務。1986年先後完成「儲冰式中央空調建築應用研究」以及在工業技術研究院興建完成興建全國首座「儲冰式中

（圖2-1）陳宗鵠教授主持全
國首座儲冰式中央
空調系統建築應用
成果發表

（圖2-2）陳宗鵠設計之南港
軟體園區

央空調建築實驗建築」（詳圖2-1），將建築空間舒適度之建築設計目標予以量化研究，對國內外公開發表，與產官學交流。

1983至2003年在國內開業執行建築師業務兼任淡江建築研究所教授期間，陳教授除致力於綠色建築實務應用及教學，並先後完成建築設計興建，在科技類建築有：新竹工業園區康林生物科技實驗廠、新竹科學園區光華非晶矽科技廠、高雄清宇環保再生實驗廠、新竹台灣再生環保實驗廠，以及中華民國南港軟體科技園區（詳圖2-2）等數十棟高科技建築。在學校類有：建國中學圖書與資訊館等。商業建築類有：法國ACANDA精品店等。規劃類有：雲林配合離島石化工業區水岸城鎮生態規劃、南太武高爾夫球及俱樂部規劃、南港經貿園區規劃等。所有建築皆以節約能源為手法，打造舒適健康空間為目標，帶領研究生教學及論文以創造綠色健康建築為目標。

1997年為加強健康建築設計理論及實踐，開始進行醫學研究，除參加醫學及健康管理等各項相關研討會與專家交流外，曾赴美國三年與一群同好一起學習研究中醫知識及技術，更進一步瞭解身體生理組織及感官運作與環境之關係，人體內在小宇宙與自然大宇宙之空間相關性，天人合一宇宙觀的生態建築設計態度等，此類中醫探討能襄助於健康空間與建築環境創造所需身心相映之設計關係，創造身心安住健康建築空間，為第二階段目標。

第三階段──整合教學、研究與建築實務，探討身、心、靈健康建築

2003年，陳教授剛完成南港軟體科學園區建築設計興建，即應中華科技大學孫永慶校長之邀請赴建築系專職教學，兼任淡江建築研究所教授。在中華科大11年半期間，成立建築研究所提升研究能量，反應業界需求與國際潮流，訂定系所【健康建築】之特色教學及研究主軸，融入學生就業所需之未來知識及技術，建立高中職學校對中華科大建築系特色之認同，突破招生瓶頸，使建築系穩定每年增加一班之成長，從2004年到2014年任職系所主管期間，與全體教師共同努力下，由4班成長到15班之規模，在質與量上均有具體成效（詳圖3-1）。研究方面，主持數十項健康建築研究及研究生健康建築論文指導，出版《築綠》等暢銷健康綠建築等書籍並獲衛福部健康書籍獎等。服務方面，由於兼具教學及建築設計實務豐富經驗，多年皆受邀參加高等教育評鑑基金會及台灣評鑑協會，執行專業系所評鑑約30所以上，致力

（圖3-1）陳宗鵠所長（第一排中）與翁彩瓊、何中華畢業班導師共同主持
2014中華科技大學建築系畢業展，貴賓雲集，成果輝煌。

（圖3-2）中華科大建築系主任兼研究所所長陳宗鵠
教授退休前所帶領的最後一屆畢業生。

（圖3-3）中華兩岸健康促進建築環境策進會2013年
健康建築國際研討會盛況

於協助技職體系與一般大學院校，釐清其教學發展目標及研究之不同特性，在延聘兩次後由中華科大退休（圖3-2 為陳教授親授的末代建築生）。2003至2014年整合教學研究與建築實務，探討身、心、靈健康建築為其創意建築的第三階段目標。

結合健康與建築──創辦健康與建築雜誌

為擴大服務對象幫助更多的人，在配合國家節能減碳政策，增進全民健康為目標範圍下，2012年陳宗鵠教授結合一群有理想專業產、官、學跨領域專家學者共同成立「中華兩岸健康促進建築環境策進會」。希望啟動民間需求能量幫助消費大眾，推動健康產業，提升建築精緻化，並舉辦國際研討會（詳圖3-3），創造全民優質安全、安心、安定之生活環境。此公益社團法人組織目前已有二百餘位會員，會員氣氛融洽且均有社會責任共識，人數穩定成長中。

有鑑於健康促進及建築環境之跨領域研究與相關產業發展已逐漸成為攸關國人健康生活環境品質與建築產業轉型之重要顯學，中華兩岸健康促進建築環境策進會於2013年10月創立《健康與建築雜誌》特邀知名教授護理翹楚徐南麗博士為社長，以主題式重點論述的形式，提供國內外產、官、學各界之研究成果發表之交流平台。除積極扮演提昇健康促進建築環境學術水準之目的外，亦對提升社會大眾對於健康建築環境意識有所助益。目前發刊週年廣獲政府、學界及業界好評，預計後年申請TSSCI，陳教授說這是他退休後愉快的負擔。

陳教授由學校退休後，時間能集中使用於有興趣事情，除保留部分邀約顧問、委員等服務之公眾事物外，將以提升意識助己助人為生活目標，繼身、心、靈之修煉外，將擴大心靈瑜珈團練規模及修行內容，付之文字出書立作，幫助大家身體更健康、生活更快樂，早日意識覺醒，深入修行累劫功課，獲永遠幸福。

建築天才，仍保有一顆赤子之心

陳教授一生誠正信實，做事力求完美，對設計建築更是自我要求極嚴，一旦投入工作經常廢寢忘食，對教學工作亦是如此。總是本著為人服務提升水準注重公益的理念，往往在身心疲憊時仍不忍心拒絕朋友的要求，東南西北奔跑。因為他具有極豐富的學術及專業經驗，故最適合擔任評鑑工作。他總是事先做好很多功課，了解實務，力求協助系所找出問題及解決之道。他的個性爽朗幽默，對衣食住行從不挑剔，很容易滿足。時常存一顆單純感恩的心，因此總能突破瓶頸走出康莊大道！希望他退休後，能有一些自己的時間，多注意自己的健康，才能繼續為健康建築而努力！

轉載自《健康與建築雜誌》第一卷第四期名人專訪第83到86頁，2014年10月出刊

附錄二
發行人的話—
談打造能量交流的健康建築

健康建築需具備序列能量的空間以及能量交流順暢的規劃，室內空間設計需與大自然物理元素能量互動，藉由活化空間能量場的交流，營造健康愉悅環境系統。

人以能量之氣為生命之源，氣與宇宙生命能量場相連結，大宇宙生命能量場運轉無形而精微，不斷流動有秩序變化。人體小宇宙身體及意識，其五臟六腑是由經脈連結各器官形成訊息能量交流網，呼應大宇宙有秩序的能量交織運行，以支持生命正常運作。

微觀人體各器官細胞亦如同五臟六腑運作原理各有其功能，以細胞膜之「受體」互相交流，並感受外環境之物理、生化、心理及社會性的健康影響因素，細胞群體片行接受大腦指令，互相交流呈現連鎖反應，支使身體以五感作所需的反應，細胞之特質亦呈現秩序性且隨時交流的狀態。健康住宅空間群，如同人體細胞一般，需與外界大宇宙自然環境流通產生能量，各空間亦各具其功能並藉由門、廊、窗、玄關等進行能量交流。

研究指出：住宅家長常停留空間如書房，廚房等，若安排在主要出口視覺可及之處，子女出入皆會與家長產生較多互動交流及關懷，長久子女不易形成孤僻或養成不良習慣。此種空間呈現交流活動之功能，促進家庭成員能量流通，有益創造家庭愉悅生活氣氛。反之如空間安排不當，對戶外自然環境隔離，甚而陰暗閉陋，如同細胞失去能量又不流動，遲早壞死引發疾病，而形成病態建築，危害居住健康，空間規劃不得不慎重！故健康建築需從規劃設計、施工營造到使用管理過程具有對使用者身心靈基本元素的體驗以及對應健康環境因素之設計經驗，做整體規劃才算成功。

本雜誌結合健康與建築領域作為產官學相關專業知識及經驗之交流平台，刊登內容逐漸由國內擴展到國外，頗受各界好評及愛護，在此特別感謝徐南麗社長所領導團隊及對刊登內容品質的堅持，使它日漸茁壯，更感謝讀者及各企業文化團體的支持，使內容更豐富。

陳宗鵠

摘錄自《健康與建築雜誌》第二卷第一期，發行人的話，2015年2月出刊

附錄三
發行人的話——
談沒有石棉的健康建築

健康住宅影響因素：物理性（光環境、熱環境、空氣環境、音環境、輻射環境等）、生理及化學、心理性及靈性、社會性等，會隨著時代及工業發展而改變，現代人為了生活便利製造了許多化學工業產品如石棉製品及應用。

由於石棉的纖維柔軟，具有絕緣、隔熱、隔音、耐高溫、耐酸鹼、耐腐蝕和耐磨等特性，在建築上有相當多的用途，例如用於建築室裝使用之石棉天花板，水泥複合材中空板，建材填縫帶，隔間牆之隔熱材，屋頂使用石棉瓦以及外牆使用磁磚等建材，使建築空間隨時暴露在高危險之空氣汙染中。

1970年發現，石棉纖維對人體非常有害，影響主要部位為肺臟及環繞肺臟周圍的黏膜。若是長時間暴露在石棉纖維中，會導致肺部周遭及肺葉中產生瘢痕樣組織，這種情況稱為石棉沉著症。石棉沉著症患者會有呼吸困難、久咳的現象，少數案例有心臟肥大的情況；石棉沉著症為嚴重病症，會導致殘疾或死亡，暴露在低濃度的石棉中的人則會在胸腔黏膜上發現「斑點」。石棉工作者或是居住在環境中石棉濃度高的地區居民，會令胸腔黏膜變厚而可能壓迫到呼吸甚而演變成肺癌。因此世界衛生組織已經宣布石棉是第一類致癌物質，美國在1971年限制石棉的使用，其環保署於1992年全面禁止生產和使用石棉和石棉製品。日本於1975年9月限制石棉的使用，到2006年9月「勞動安全衛生法」修改為全面禁止製造。台灣在1989年將石棉歸類為毒性化學物質，但至目前仍未禁止製造或使用。

台灣癌症已躍居國人十大死亡原因之首，而肺癌位居癌症死因之第一位，本會結合健康領域及建築專業人員共同推廣健康建築及環境，在此慎重呼籲國內主管健康及環保單位加緊腳步，整合產官學相關單位，研擬法規法令提早禁止製造及使用石棉，以維護全民健康。在法令遲遲未公布前，提醒建築及營造行業人員須自力救濟，充分了解石棉纖維會藉由建築物的拆除工作、營造工程、房屋的整建或裝修、石棉水泥管施作等工程，當破壞含石棉產品時會使石棉纖維或石棉微粒逸散在空氣中，形成危險工作環境。因此從業人員在施工前需有安全維護計畫預置健康環境，施工中應具有防護措施及設備，避免吸入石棉逸散空氣，施工後需妥善處理石棉廢棄物，共同維護健康環境。

摘錄自《健康與建築雜誌》第二卷第三期，發行人的話，2015年10月出刊

附錄四
健康住宅產品參考

空調設備

名稱	參考圖	介紹內容所在章節	相關資訊
大金保濕閃流空氣清淨機 MCK70VSCT-W機種		第一章第一節P42、P43（空氣） 第三章第一節P122（化學）	https://www.hotaidev.com.tw/product4-5-1.asp
大金家用空調機		第一章第三節P71（溫熱）	https://www.hotaidev.com.tw/product1-12-3.asp
大金全熱交換器（新風換氣機）		第一章第一節P44（空氣） 第三章第一節P120、121（化學）	https://www.hotaidev.com.tw/Product5-1.asp

儲能系統

名稱	參考圖	介紹內容所在章節	相關資訊
社區公寓建築儲能系統		第一章第一節P43（空氣）	http://www.master-hold.com.tw/product-detail.php?imgnm=三相智慧型儲能系統_.jpg
別墅或透天儲能系統		第一章第一節P44（空氣）	http://www.digi-tri-umph.com/index.php?route=product/product&path=0&product_id=80

照明設備

名稱	參考圖	介紹內容所在章節	相關資訊
元冠科技照明設備		第一章第二節P56-57（光）	https://www.ccfl.com.tw/

建材

名稱	參考圖	介紹內容所在章節	相關資訊
衝擊隔音樓板（新建築）		第一章第四節P86（音）	興吉發科技建材公司 http://www.con-strichtech.com.tw
衝擊高密度隔音樓板（既有建築）		第一章第四節P86-87（音）	
纖維木（WPC）		第三章第一節P121、P123-125（化學）	https://www.nautilusnfc.com/

健康食品

名稱	參考圖	介紹內容所在章節	相關資訊
KG專利金盞花葉黃素‧兒童金盞花亮晶葉黃素		第一章第二節P62（光）	聯華食品 https://shop.kgcheck.com.tw/product_detail?product_sn=538 宅配訂購及諮詢專線：02-2555-3161
KGCHECK研敏最佳三益菌		第一章第一節P39（空氣） 第二章第二節P107（免疫）	聯華食品 https://shop.kgcheck.com.tw/column_content.php?column_content_sn=26517 宅配訂購及諮詢專線：02-2555-3161
SV（SanoVita）超級濃縮果汁		第二章第二節P106（水） 第三章第二節P128（重金屬）	Ruby老師 0982-539-193 Email：wa9193@gmail.com

淨水設備

名稱	參考圖	介紹內容所在章節	相關資訊
逸家氫頂級桌上型水機 型號：880		第二章第一節P99（水）	
沐浴除氯機		第二章第一節P100（水）	全家科技 負責人：簡先生 電話：02-2747-2286
LAICA生飲壺		第二章第一節P99（水）	http://www.laica.com.tw

音樂

名稱	參考圖	介紹內容所在章節	相關資訊
明煖‧海洋。森林。銅鑼浴		第五章第二節P181（聲）	施老師 0928-082-552

國家圖書館出版品預行編目 (CIP) 資料

健康住宅設計學：陳宗鵠建築師的能量綠建築 /
陳宗鵠作 . -- 初版 . -- 臺北市：麥浩斯出版：家
庭傳媒城邦分公司發行 , 2020.12

　　面；　公分

ISBN 978-986-408-642-9(平裝)

1. 房屋建築 2. 綠建築 3. 環境規劃 4. 空間設計

441.52　　　　　　　　　　　109016406

書中所提之標準及規定，為初版印刷當下情形，
僅供參考，仍需依當時標準及規定為準。

健康住宅設計學
陳宗鵠建築師的能量綠建築

作　　者	陳宗鵠
責任編輯	楊宜倩
美術設計	林宜德
版權專員	吳怡萱
編輯助理	黃以琳
活動企劃	嚴惠璘
發 行 人	何飛鵬
總 經 理	李淑霞
社　　長	林孟葦
總 編 輯	張麗寶
副總編輯	楊宜倩
叢書主編	許嘉芬

出　　版　城邦文化事業股份有限公司 麥浩斯出版
E-mail　　cs@myhomelife.com.tw
地　　址　104 台北市中山區民生東路二段 141 號 8 樓
電　　話　02-2500-7578

發　　行　英屬蓋曼群島商家庭傳媒股份有限公司城邦分公司
地　　址　104 台北市中山區民生東路二段 141 號 2 樓
讀者服務專線　0800-020-299 (週一至週五上午 09:30 ～ 12:00；下午 13:30 ～ 17:00)
讀者服務傳真　02-2517-0999
讀者服務信箱　cs@cite.com.tw
劃撥帳號　1983-3516
劃撥戶名　英屬蓋曼群島商家庭傳媒股份有限公司城邦分公司

總 經 銷　聯合發行股份有限公司
電　　話　02-2917-8022
傳　　真　02-2915-6275

香港發行　城邦 (香港) 出版集團有限公司
地　　址　香港灣仔駱克道 193 號東超商業中心 1 樓
電　　話　852-2508-6231
傳　　真　852-2578-9337
電子信箱　hkcite@biznetvigator.com

馬新發行　城邦 (馬新) 出版集團
地　　址　Cite (M) Sdn.Bhd. (458372U)
　　　　　41, Jalan Radin Anum, Bandar Baru Sri Petaling,
　　　　　57000 Kuala Lumpur, Malaysia.
電　　話　603-9056-3833
傳　　真　603-9057-6622

製版印刷　凱林彩印股份有限公司
版　　次　2020 年 12 月初版一刷
定　　價　新台幣 599 元
Printed in Taiwan